新型职业农民培育系列教材

农业支持保护政策

◎许 林 秦关召 张慧娟 主编

U0306864

中国农业科学技术出版社

图书在版编目（CIP）数据

农业支持保护政策／许林，秦关召，张慧娟主编．—北京：中国农业科学技术出版社，2017.3

ISBN 978-7-5116-3000-1

Ⅰ．①农…　Ⅱ．①许…②秦…③张…　Ⅲ．①农业经济-政策支持-中国　Ⅳ．①F32

中国版本图书馆 CIP 数据核字（2017）第 045103 号

责任编辑	白姗姗
责任校对	贾海霞

出 版 者	中国农业科学技术出版社
	北京市中关村南大街 12 号　邮编：100081
电　　话	（010）82106638（编辑室）　（010）82109702（发行部）
	（010）82109709（读者服务部）
传　　真	（010）82106650
网　　址	http://www.castp.cn
经 销 者	各地新华书店
印 刷 者	北京建宏印刷有限公司
开　　本	850mm×1 168mm　1/32
印　　张	6
字　　数	156 千字
版　　次	2017 年 3 月第 1 版　2019 年 11 月第 4 次印刷
定　　价	28.00 元

《农业支持保护政策》
编 委 会

前　言

　　支持保护制度是现代化国家农业政策的核心，也是我国发展现代农业的必然要求。近年来，国家财政对"三农"的投入快速增长，农业补贴涵盖的范围越来越宽，已初步构建了一套适合我国国情的比较完整的农业支持保护体系。

　　本书分为七章，分别介绍了农业支持保护体系及对其产业的影响、农业土地政策、农业补贴政策、农业金融支持政策、农业保险政策、农民教育、科技与信息化政策、农业产业化政策等内容。

　　本书围绕大力培育新型职业农民，以满足职业农民朋友生产中的需求，重点介绍了我国农业支持保护政策的基础知识。书中语言通俗易懂，技术深入浅出，实用性强，适合广大新型职业农民、基层农技人员学习参考。

编　者

2017 年 2 月

目　　录

第一章　农业支持保护体系及对产业的影响

我国坚持把解决好"三农"问题作为全部工作的重中之重，不断深化农村改革，完善强农惠农富农政策，大幅增加农业投入，有力推动传统农业向现代农业的加速转变，使农业综合生产能力明显增强，棉、油、糖生产稳步发展，"菜篮子"产品供应充足，农产品质量不断提高，物质装备条件显著改善，科技支撑能力稳步增强，农业结构不断优化，经营体制机制不断创新，农业产业化经营水平大幅提升，优势农产品区域布局初步形成。对外开放迈出新步伐，农业"走出去"取得新进展。

第一节　国家基本方针

一、发展农业适度规模经营

伴随农村劳动力大量转移，农业物质技术装备水平不断提高，农户承包土地的经营权流转明显加快，发展适度规模经营已成为必然趋势。实践证明，土地流转和适度规模经营是发展现代农业的必由之路，有利于优化土地资源配置和提高劳动生产率，有利于保障粮食安全和主要农产品供给，有利于促进农业技术推广应用和农业增效、农民增收。2014 年 11 月 20 日中共中央办公厅、国务院办公厅印发《关于引导农村土地经营权有序流转发展农业适度规模经营的意见的通知》，明确提出要坚持农村土地集体所有权，稳定农户承包权，放活土地经营权，以家庭承包经营为基础，推进家庭经营、集体经营、合作经营、企业经营等多种经营方式共同发展；坚持依法、自愿、有偿，以农民为主体，政府扶持引导，市场配置资源，土地经营权流转不得违背承包农户意愿、不得损害农民权益、不得改变土地用途、不得破坏农业综合生产能力和农业生态环境；坚持经营规模适度，既要注重提升土地经营规模，又要防止土地过度集中，兼顾效率与公平，不断提高劳动生产率、土地产出率和资源利用率，确保农地农用，重点支持发展粮食规模化生产。

二、农业要调整优化农业结构

当前资源环境硬约束与生产发展矛盾日益凸显，部分地区耕地重金属超标、地下水超采等问题突出。高品质的牛羊肉、奶类、果菜等农产品生产与消费需求尚有一定差距。种养结合不紧、循环不畅问题日益凸显。粮经饲结构不合理，种植业与养殖业配套衔接不够，地力下降与养殖业粪污未能有效利用并存，农作物秸秆综合利用程度较低。农产品加工水平和转化增值率依然偏低，农业的生态、社会、文化等功能挖掘不足，产业链条短、附加值不高，带动农民增收能力弱。这些情况表明，我国农业发展已经到了转型升级的重要节点，进一步调整优化农业结构势在必行。2015 年 2 月 12 日农业部下发《关于进一步调整优化农业结构的指导意见》，通过调整优化农业结构主要实现"两稳两增两提"。"两稳"，即稳定粮食产量和粮食产能，实现谷物基本自给、口粮绝对安全；"两增"，即农业增效、农民增收，实现农业整体素质提升和农民收入持续较快增长；"两提"，即提高农业市场竞争力和可持续发展能力，使农业发展由数量增长为主真正转到数量质量效益并重上来，由依靠资源和物质投入真正转到依靠科技进步和提高劳动者素质上来。

三、农业要转变发展方式

我国农业农村经济发展取得巨大成绩，为经济社会持续健康发展提供了有力支撑。但农业发展面临的各种风险挑战和结构性矛盾也在积累集聚，统筹保供给、保收入、保生态的压力越来越重，农业发展面临农产品价格"天花板"封顶、生产成本"地板"抬升、资源环境"硬约束"加剧等新挑战，迫切需要加快转变农业发展方式。党的十八届五中全会通过的《中共中央关于制定国民经济和社会发展第十三个五年计划的建议》指出:"加快转变农业发展方式,发展多种形式、适度规模经营,发挥其在农业建设中的引领作用。着力构建现代农业产业体系、经营体系,提高农业质量效益和竞争力,推动粮经饲统筹、农林牧结合、种养加一体、一二三产业融合发展。"2015年7月30日国务院办公厅下发《关于加快转变农业发展方式的意见》,将把转变农业发展方式作为当前和今后一个时期加快推进农业现代化的根本途径,以发展多种形式农业适度规模经营为核心,以构建现代农业经营体系、生产体系和产业体系为重点,着力转变农业经营方式、生产方式、资源利用方式和管理方式,推动农业发展由数量增长为主转到数量质量效益并重上来,由主要依靠物质要素投入转到依靠科技创新和提高劳动者素质上来,由依赖资源消耗的粗放经营转到可持续发展上来,走产出高效、产品安全、资源节约、环境友好的现代农业发展道路。

四、农业要实现可持续发展

目前农业资源过度开发、农业投入品过量使用、地下水超采以及农业内外源污染相互叠加等带来的一系列问题日益凸显,农业可持续发展面临重大挑战。2015年5月27日农业部、国家发展和改革委员会、科技部、财政部、国土资源部、环境保护部、水利部、国家林业局联合下发了《全国农业可持续发展规划(2015—2030年)》,将全国划分为优化发展区、适度发展区和保护发展区三大区域,因地制宜、梯次推进、分类施策,提出了未来一个时期推进农业可持续发展的五项重点任务:一是优化发展布局,稳定提升农业产能;二是保护耕地资源,促进农田永续利用;三是节约高效用水,保障农业用水安全;四是治理环境污染,改善农业农村环境;五是修复农业生态,提升生态功能。

五、农村土地承包经营权实行确权登记、颁证

随着工业化、信息化、城镇化和农业现代化深入发展,农村土地承包经营权成为制约农业适度规模经营和"四化"同步发展的突出问题。2015 年 1 月 27 日农业部、中央农村工作领导小组办公室、财政部、国土部、国务院法制办、国家档案局下发《关于认真做好农村土地承包经营权确权登记颁证工作的意见》，规定在稳步扩大试点的基础上，计划用 5 年左右时间基本完成土地承包经营权确权登记颁证工作，妥善解决农户承包地块面积不准、四至不清等问题。另外，2015 年 6 月 19 日农业部办公厅下发了《关于印发农村土地（耕地）承包合同示范文本的通知》，对《农村土地（耕地）承包合同（家庭承包方式）》示范文本进行了组织制定，供各地在开展农村土地承包经营权确权登记颁证过程中，依相关政策需重新签订、补签或完善承包合同时使用。

第二节 农业支持保护的含义

农业支持保护就是国家出台的一系列支持和保护本国农业产业发展的政策体系和制度安排。为什么要对农业支持保护？在工业化、城镇化快速推进的背景下农业的意义和价值何在？我们应当如何认识农业支持保护的大趋势？本任务我们会清楚认识所从事的农业产业的重要性，掌握农业支持保护政策的基本常识，从而坚定从事农业和在农业中创业的信心。

案例分析

财政投入要优先保证农业农村

《中华人民共和国农业法》第 38 条规定，国家将逐步提高农业投入的总体水平。中央和县级以上地方财政每年对农业总投入的增长幅度应当高于其财政经常性收入的增长幅度。

近年来我国财政支农规模不断增加，且增幅较大。从总量上看，国家财政"三农"支出从 2003 年的 1 754 亿元增加到 2014 年的 14 002 亿元，增加了近 7 倍，2003—2014 年"三农"

支出规模累计达到 8 万亿元。从速度上看，国家财政"三农"投入 2003—2014 年平均增长速度 20%，明显高于同期国家财政支出年均增长速度，2014 年在财政收入增长放缓的情况下，农业投入仍然增长 4.9%。从比重上看，国家财政"三农"投入占国家财政支出的比重从 2003 年的 7.12% 增长到 9.23%。

2015 年，一边是财政收入转入中低速增长面临增收难，一边是"三农"发展进入历史新时期迫切需要高投入。面对农业发展和财政运行中的新形势，中央一号文件强调优先保证农业农村的投入，让广大农民吃了"定心丸"。

2015 年 11 月，中共中央、国务院印发的《深化农村改革综合性实施方案》中指出，要把农业农村作为财政支出的优先保障领域，确保农业农村投入只增不减。

2016 年中央一号文件提出要健全农业农村投入持续增长机制。优先保障财政对农业农村的投入，坚持将农业农村作为国家固定资产投资的重点领域，确保力度不减弱、总量有增加。

◆ 思考

1. 我国财政为什么要优先保障农业投入？
2. 谈谈从上述材料中你受到了哪些鼓舞？

"三农"工作始终是党和政府工作的重中之重，国家对农业的财政投入每年都有大幅度增长，这些都属于农业的支持和保护范畴，了解农业支持保护政策，将有利于农民增强信心，掌握充分信息，以更饱满的热情投入到农业生产经营中，从而实现自己的"中国梦"。

一、什么是农业支持保护

农业支持保护就是指国家出台的一系列支持和保护本国农业产业发展的制度安排和政策体系。

农业支持保护包括国际和国内两方面的政策。国际方面是指在国际贸易中，为了保护本国农业不受国外冲击而采用的关税、非关税壁垒及出口补贴等政策措施；国内方面是指为支持本国农业、提高国内农产品的竞争力，在生产和流通领域采取的直接或间接的政策措施。随着国际贸易自由化程度的提高，特别是 WTO 协议中对贸易保护政策的限制越来越严，对国际贸易保护措施的运用频率逐渐减少，国内支持成为世界各国对农业支持和保护的主要手段。

小知识

"绿箱""黄箱"政策

"绿箱"和"黄箱"政策是世界贸易组织（WTO）有关农业协定中描述国内支持政策的专用术语。

1. "黄箱"政策　WTO 将对生产和贸易产生扭曲作用的政策称为"黄箱"政策，要求成员方必须进行削减。主要是指政府对国内农产品市场价格的干预政策以及对农业投入品或要素的补贴政策，包括保证价格（目标价格）、最低保护价格、农业生产资料补贴、农产品营销贷款补贴、退耕补贴等。

2. "绿箱"政策　是指对农产品贸易和农产品生产没有扭曲作用或者只产生极小的影响而实行的支持措施，在乌拉圭回合农业协议下不需要做出减让承诺。包括农业科研、农业技术推广、农业基础设施建设、食品安全储备、自然灾害救济、环境保护和结构调整计划。

3. "蓝箱"政策　是指农业协定中对一系列条款的通行表达方式，这些条款规定与限产计划相关的支付可免予减让承诺（如休耕地差额补贴），主要是为了满足美国和欧盟国家的要求。

另外，农业协定中有关农业支持保护的内容还有边境保护政策（如进口关税、配额、出口补贴）和其他影响农业发展的政策措施（如土地政策、生产者组织化程度）等。

具体来讲，所谓农业支持保护体系，就是以财政资金为主导，对农业进行扶持、援助，以及为了保护本国粮食安全、食物安全等而对部分农产品进行贸易保护，避免受到国外市场冲击的政策体系。因此，农业支持保护政策外延比较宽泛，包括为农业生产提供的基础设施建设、科研指导、病害防治、市场信息和其他方面的公共服务，对农业生产、流通环节实施的财政支持、税收减免、金融保险、价格干预等扶持政策，农产品进出口贸易中的关税、关税配额、技术壁垒以及出口补贴等贸易措施。

二、为什么要对农业进行支持保护

在农业中，人们利用土地、水、气和太阳能等自然资源，依靠生物体的生长发育和转化，投入劳动去促进和控制生物体的生命活动过程，从而获得人类生活和生产所需要的产品。与工业等其他产业相比，农业在我国既具有极其重要的作用，又有着弱质性和风险性，这就要求国家进行支持和保护。

（一）农业是国民经济的基础，关系国家安全

1. 农业是国民经济的基础

农业生产的产品是人们生存所必需的农产品。农产品是一次性消耗、不能重复使用的大宗必需品。人类生存所需的最基本的生活资料主要由农业中的动植物生产来提供，尽管工业合成品已经出现，但以目前的科技水平，仍无法取代农业农产品供给的主体地位。

2. 农业的发展是国民经济其他部门发展的基础

农业一方面给其他部门尤其是轻工业部门提供原料——初级农产品，另一方面由于其他国民经济部门所必需的土地和劳动力都是从农业部门转移出来的，其发展规模和速度受到农业生产水平的制约，因此其他部门的进一步发展也必须得到农业发展的支撑。

3. 农业关系国家安全

粮食安全是我国农业生产的重要目标，我国是世界第一人

口大国，约占世界人口的 1/5，一旦粮食存在安全问题，没有谁能拯救中国，如果吃粮要靠进口，那势必被别人卡住脖子。只要人类生存所需的食物仍然由农业提供，农业的基础地位就不会改变，要保持农业的基础地位，维护国家安全，提高农业竞争力就必须对农业进行支持保护。

（二）农业是农民收入就业的源泉，关系社会稳定

在工业化、城市化的快速推进中，大量农民特别是青年农民到城市转移就业，但现阶段，农业仍然与农民有千丝万缕的联系，承担着社会就业的功能，关系农村的社会稳定。

当前在农业中谋生的农民有 3 种，第一种是留守老人在家种田。据全国农村固定观察点统计分析，如以年务农时间大于 66 天作为农业劳动力的参考标准，2012 年全国农业劳动力中 50 岁以上的老人占到 47.5%。第二种是因为种种原因不能或者不愿意外出打工，在家种地，并辅以林、牧、副、渔生产。第三种是因年纪大了，或被裁员的返乡农民工。尽管农业经营性收入在农民收入中占比在逐年下降，但目前农民家庭经营收入（主要是农业经营收入）仍占总收入的 40% 左右，主要产粮地区农户收入对农业的依赖程度更高。

农民还是我国社会结构的基础阶层。当前，我国还有 6 亿多农村常住人口，加上 2 亿多农民工，大约有 9 亿农民。对农民的诉求，如果不加以重视和解决，对农民的思想，如果不加以引导，不仅会影响农村社会稳定，还会影响整个现代化的顺利推进。回应农民的合理期望，让农民共同享有人生出彩的机会，共同参与现代化进程，才能实现整个社会的和谐稳定，才能真正筑牢我们党重要的执政基础。

因此，加大对农业的支持保护，增加农民收入，保障农民福利待遇，关乎社会和谐稳定、国家长治久安，显得格外重要。

（三）农业具有多功能性，有着极大的生态价值和文化价值

20 世纪 80 年代末和 90 年代初日本提出的"稻米文化"，提出了农业的多功能性概念。1992年联合国环境与发展大会通过的《21世纪议程》正式采用了农业多功能性提法。强调农业除具有经济功能外，还同时具有社会、生态和文化等多种功能。在我国，农业不仅具有食品保障、社会就业等经济和政治功能，还承载着休闲娱乐、历史教育、文化传承、观光旅游、水土保持、生态涵养等文化和生态功能，有着极大的文化价值和生态价值。

案例分析

中华农耕文化吸引世界关注

"藤筐石斧青铜锸，又是栽瓜种豆时。一缕晋风吹老醋，几声吴语缫新丝。文明幸有螺炎育，脊椎原须稻葭支。终古农耕非敝展，欣闻学者共扶持。"这是一位青年诗人在参观2012年中国农耕文化展后所作诗句。原定3月8日闭幕的中国农耕文化展，应观众要求延展至3月15日。北京全国农业展览馆这两周人来人往，尤其吸引了大批外国人前来参观。

这次展览中陈列的贵州"种植一季稻、放养一批鱼、饲养一群鸭"的农业生产方式，2011年被联合国粮农组织列为"全球重要农业文化遗产保护试点"。中国入选该项目的农业文化遗产还有浙江青田稻鱼共生系统、云南哈尼稻作梯田系统、江西万年稻作文化系统。在16个全球重要农业文化遗产保护试点中，中国占4个，居各国之首。另有5个独具特色的中国农业传统技术已被联合国粮农组织列为农业遗产候选项目。

中国入选的4个全球重要农业文化遗产保护试点都有上千年的历史，如今它们"古为今用"，在保障粮食安全、改善和保护生态环境、促进农业可持续发展方面具有深远的意义。

◆ 思考

1. 为什么我们习以为常的农业生产方式却被世界赋予极高

的文化价值？

2. 您身边是不是存在类似的生产模式？

（四）农业具有双重风险，需要国家的支持和保护

与工业等其他生产部门不同，农业的生产对象是动植物和微生物，生长繁殖都依赖于一定的环境条件，深受自然环境和生物体生长规律的影响。由于农业生产大多在自然环境中进行，而现阶段人类还无法控制气候等自然环境，旱涝灾害、极冷极热、冰雹、泥石流等经常发生，使得农业生产的自然风险特别大。

农业生产具有周期性，动植物的生长发育有生命活动周期，农业生产也具有季节性的特点，因此，对市场信息的反应有时间差。同时由于在市场上农产品供给弹性较小，进入门槛低，跟风效应明显；再加上农产品易腐不耐储藏的特征，使得农业经营具有较大的市场风险。

因此，在市场经济条件下，农业产业的发展离不开国家的支持和保护。这与工业化城镇化进程中农业比较效益低、容易出现萎缩有关，也与农业承载多种功能、在经济社会发展中始终具有不可替代的基础作用有关。我国人多地少、农业经营规模小，人均农业资源匮乏、农业比较效益低，同时还面临着日益激烈的国际竞争，加强对农业的支持保护尤其重要。

三、加强农业支持保护是世界各国的共同经验

纵观美国、欧盟、韩国、日本等世界发达国家和地区的发展历程，凡农业产业比较发达的国家，在工业化基本完成后，无一不加大了对农业的支持保护力度，加强农业、农村基础设施，强化以农业推广为主要内容的公共服务，对农业进行各种补贴和补助，实行农产品价格支持，开展生态保护和补偿政策。加速农业现代化步伐，实现农业与工业化、城镇化的协调发展。目前，美国、欧盟、日韩等国家和地区都已建立比较健全的农业支持保护体系，但仍毫不放松加大农业国内支持保护，成为促进农业发展、保障农民增收的重要支撑。反之，部分发展中国家，在经济发展进入工业化中期后，没能及时调整政策，没有加大对农业的支持保护，导致农业衰落、农村凋敝，城乡发展失调严重，制约了国家经济社会的发展进程，掉入中等收入陷阱。

案例分析

发达国家对农业的支持保护

◎美国的新农业法案◎

2014 年 2 月，奥巴马总统签署了《2014 年农业法案》（Agriculture Act of 2014），时效 2014—2018 年，该法案扩展了农业支持保护的领域。

1. 实行农业收入风险保障计划（ARO）　所谓农业收入风险保障计划（ARO），为不挂钩补贴类型，指农场主种植收入低于近 5 年平均水平 89% 时，将提供总额不超近 5 年平均水平 10% 的补贴，最高限额 5 万美元。若农场的年收入超过 75 万美元，则不允许申请。

2. 倾向作物保险管理项目，支持力度加大　近年频发的自然灾害，特别是 2012 年大旱使美国意识到农业风险管理的重要性。法案新增 70 亿美元农作物保险，将覆盖范围从传统的粮食作物增扩到花生、棉花、水果和蔬菜等园艺或有机作物。农户参加保险，可选择收入保障（ARC）或价格保障（PLC）方式。同时提高保险赔偿金的计算标准，在个人农场实际损失或所在县内的历史产量两重标准之间，允许农户自由选择。

3. 整合自然资源保护计划，优化项目配置　新法案新建两个环保项目，即农业土地权属保护计划（ACEP）和区域合作保护计划（RCPP）。

前者是政府以购买土地使用权的方式来保护耕地、草地和湿地资源；后者则为鼓励一定区域内的政府、印第安部落及专业合作社等组织，与农户一起改善土质、水质和野生动物栖息地。

4. 对新进入农民，增加贷款项目、保险和土地优惠　新法案将提供850亿美元，对退休农民转让农场时进行补贴，给新进入农民提供较大数额的农作物保险，创业期保费有10%的折扣。

保险经营机构在计算损失时，需考虑其先前的农业经验。并设立新农民发展项目，提供培训教育和技术指导服务等。对从事前沿生物燃料的相关企业，给予扶持。此外，美国还增加农产品贸易支出，扩大对外粮食援助计划。

◎欧盟的共同农业政策◎

共同农业政策是欧盟农业发展的核心政策，包括价格政策和结构政策。2013年12月，欧盟通过了新一轮的共同农业政策改革方案，并纳入了2014—2020年多年度预算。

1. 价格政策　价格干预是欧盟共同农业政策的核心，分为目标价格、门槛价格和干预价格3类。目标价格由欧盟委员会在每年年初确定，当市场出现供过于求、农产品价格降至目标价格以下，各国政府将以干预价格收购农产品，以稳定市场秩序，保护农民利益。门槛价格，即进口农产品在欧盟市场销售的最低价格，目的是防止进口农产品对欧盟农产品造成冲击以及促进欧盟农产品出口。欧盟向农产品出口发放的补贴，数额相当于欧盟农产品价格与国际市场价格之间的差额，资金来自欧盟农业预算开支。欧盟通过政府干预农产品的生产、销售和进出口，降低市场风险，达到稳定农产品市场、保护农业发展、提高农民收入及保护消费者利益的目标。

2. 结构政策　共同农业政策中的结构政策，主要是改善农业生产条件和外部环境，主要内容包括：①调整农业结构，提高农业现代化水平。收入低于当地非农业人口且符合以农业为主要职业、具有职业专长、同意建立账目、制订发展计划并得到有关部门的批准4个条件的农场主，政府提供低息贷款改善农场的现代化条件，还可在购买和租赁土地、水利设施建设等方面得到资助。所需资金的25%由欧洲农业指导与保证基金承担，其余由本国政府支出。②农业补贴。为了适应农场的机械化、规模化发展趋势，欧盟鼓励老年农场主放弃农业种植，减少农业就业人口，扩大农场规模。对于年龄在60~65岁、愿意放弃农业生产的老年农场主实行退休补贴政策，鼓励青壮年劳动力参与农业经营，政府提供创业支持资金和投资补助等。③提供技术指导、职业培训等服务。欧盟成员国根据各自的农业发展状况，建立农业服务机构，对农场主进行培训，帮助其提高职业技能、掌握先进技术、熟悉市场信息。接受培训的农场主可获得一定的生活津贴，以提高其参与培训的积极性。④大力扶持贫困地区农业发展。对因地形、气候等条件限制，农业生产困难的地区，政府实施贷款优惠政策，并给予资金援助，根据农场规模发放补贴。

◎韩国对农业的支持保护◎

1. 多渠道保证农业资金　在韩国，资金来源的多样化和为农户打开吸纳资金的窗口措施为农业发展提供了坚实的物质基础。韩国农林畜产食品部的地方自治团体、农业政策资金管理团、融资机构、农协银行等基金管理机构，以及农协、农渔村公社、农信保等多样化的组织机构为农业政策资金提供资金支持。

除直接的资金支持外，农协中央会地区组织、山林组织、基金管理的流通公社、农村公社也提供直接贷款业务，而且贷款窗口都秉承开放方针。同时，商业银行也逐步涉及农业贷款业务。这些组织部门的资金支持行为可以说是民间资金的"二次保障"。

近年来，韩国发起"一社一村"运动，就是一家公司、企业自愿与一处农村建立交流关系，对其进行"一帮一"的帮扶支持。三星、现代、韩国电力等大型企业，都带头支持农村建设，这也是工业发展之后反哺落后的传统农业的一项举措。另外，政府还规定了一系列优惠政策，如废除农用耕地购买面积上限，设立农庄法人以大规模耕作土地，扶持农村第三产业，大力发展观光度假旅游等。

2. 提高劳动力素质　韩国政府鼓励农民走出国门，到发达国家学习先进的农业技术，如资助农民到欧洲学习兰花种植技术，到以色列学习无公害黄瓜种植技术。此外，农村振兴厅还定期派出技术指导员，将最实用的农业技术和经营方法传授给农民，并构建了集农民、技术指导员和农业经营专家为一体的帮扶体系。

保证农业生产中的青壮年资源也是一项重要任务。韩国政府为此实施了"产业技能人员"制度，即青年在农村连续务农3年以上即可免服兵役，鼓励青年劳动力流向农村。另外在韩国读农业大学不仅能基本免除学费，而且比较容易获得高额奖学金。

3. 鼓励发展环境友好型农业　为保护环境，生产安全的农产品，提高国际竞争力，韩国将环境友好型农业定为未来发展的方向。近年来，采取措施降低化肥、农药的使用量，对家畜粪便进行管理等方式来发展环境友好型农业；重视对环境友好型农业的直接支付力度，直补占韩国政府农业投融资额的比率已超过20%，约占农民收入的10%；重视农业科技投入，广泛收集、存储和管理新品种、海外种子资源及农作物的优质品种，并对优质农作物成分进行分析检测，以开发出既适合本地生产、又符合消费者口味的高品质农作物；加强农业环保技术的研究、开发，普及各种农作物栽培作业的环保农业技术标准，开发各类环保型农药、肥料，保持了农村环境的洁净。

◆思考

1. 美国、欧盟、韩国为促进农业发展都采取了哪些政策措施？

2. 我国有哪些政策措施与此相类似？

【思考与训练】

1. 什么是农业支持保护?
2. 为什么要对农业进行支持保护?

第二章　农业土地政策

第一节　农业土地政策概述

土地是宝贵且稀缺的资源，是人类赖以生存的物质基础。我国是世界上人地矛盾最尖锐的国家之一，研究和完善我国的农业土地政策，高效利用农业土地，是农业政策学的重要组成部分。

一、农业土地的概念

土地是一种自然经济综合体，包括自然特性和经济特性，具有可满足人类生产、生活等方面需求的功能。土地分为三类，包括农业土地、建设用地和未利用地。

农业土地有狭义和广义之分。狭义的农业土地仅指耕地；广义的农业土地是指直接用于农业生产的土地，除耕地之外还包括园地、林地、牧草地、其他农用地（包括畜禽饲养地、设施农业用地、农村道路、坑塘水面、养殖水面、可调整养殖水面、农田水利用地、田坎、晒谷场等）等。《中华人民共和国土地管理法》（以下简称《土地管理法》）将农业土地界定为，直接用于农业生产的土地，包括耕地、林地、草地、农田水利用地、养殖水面等。本章的研究对象是广义的农业土地政策。

二、农业土地政策的相关概念

1. 农业土地政策的概念

农业土地政策的概念有狭义和广义之分。狭义的农业土地政策是指国家和政党直接制定、以农业土地政策名义发布的所有政策，以及直接或间接制定的用以调整人地关系的一切土地政策；广义的农业土地政策是指包括土地法律、法规与规章在内的与农业土地有关的一切政策。

综合起来看，农业土地政策的概念可界定为：国家和政党等政治经济实体为了实现一定历史时期的农业土地管理任务和土地利用目标，围绕着特定的经济社会利益而规定的用以调整人地关系的一系列准则、方针与指南的总和。

2. 农业土地政策的内涵

（1）农业土地政策隶属于政策科学的范畴，政策科学的有关理论对它也是适用的。这体现了一切农业土地政策都应遵循科学原理的基本特征。

（2）农业土地政策强调调整人地关系是围绕特定的经济社会利益进行的，反映了农业土地政策对农业土地的所有、占有、使用、收益、分配、经营、管理等方面的规范、约束与引导作用。这体现了一切农业土地政策现象所应具有的特征。

（3）农业土地政策制定的主体是国家和政党等政治经济实体。很显然，这样的主体所代表的是统治阶级和执政党。与法律相类似，农业土地政策也是为统治阶级服务的，这就高度体现了农业土地政策的阶级功能及性质。

（4）农业土地政策是为了实现一定历史时期的农业土地管理任务和土地利用目标。这明确界定了农业土地政策的目标与方向，有助于农业土地政策定义的准确性与科学化。

（5）农业土地政策是一系列准则、方针与指南的总和。而这个总和，主要是用以调整、规范、引导、约束单位和个人管理和利用农业土地的一切活动。

3. 农业土地政策的功能

农业土地政策的功能，是指农业土地自身所具有和农业土地政策在运行过程中所表现出的功用、效力、性能、用途等的集合体。农业土地政策的功能如下。

（1）导向功能。它是指农业土地政策对土地管理活动与土地利用方向具有引导、指向的作用。导向功能主要有规定目标，确立方向；教育指导，统一认识；约束协调，因势利导。土地政策的导向功能，既是行为的导向，也是观念的导向。

（2）调控功能。它是指政府运用农业土地政策，在对土地管理和利用中所出现的各种利益矛盾进行协调和控制中所起的作用。调控功能包括协调和控制功能。协调功能，是指农业土地政策对人口大量增加而耕地不断减少的失衡趋势进行制约、调节的能力。它主要有3种作用形式：由冲突引起的政策协调；由社会变迁引起的政策协调；由人们生活环境变化引起的政策协调。农业土地政策的协调功能是由农业土地政策作为土地经济利益关系的调节器这一本质属性以及农业土地政策体系的内在要求所决定的。此外，还有农业土地政策的国际协调问题。土地资源问题已不再限于一国内部，而成为一个区域性乃至全球性的问题。土地资源利用不当，可能引起跨国界环境问题甚至全球环境问题。控制功能，是指农业土地政策的制定者通过农业土地政策对人们开发、利用与保护土地的行为及土地供给与需求的制约与促进，以实现对土地总量的控制。它主要有监督、惩罚和教育3种作用形式。农业土地政策的控制功能，是由土地政策的规范性以及土地政策在整个土地管理和利用中的重要地位决定的。

（3）分配功能。它是指农业土地政策在一定历史时期内创造出来的价值，或体现这部分价值的利益和权利在不同阶段的社会团体或社会成员之间分配的能力与作用。主要体现在三方面：利益向谁分配；如何进行分配；什么是最佳分配。其中，最重要的是利益向谁分配。通常只有与政府主观偏好一致或基本一致者、最能代表社会生产力发展方向者和普遍获益的社会多数者容易从中获益。

第二节　农业土地政策目标

改革开放以来，我国的农业土地政策及相应制度安排以整个农业发展目标为基础，主要围绕明晰产权、推动农民土地承包权长期化、增强土地使用制度的激励功能、保护稀缺土地资源及提高其利用率等目标来设置，并以效率优先、兼顾公平为基本出发点。

一、农业土地政策目标的含义及演变

（一）农业土地政策目标的含义

农业土地政策目标是指农业土地政策所要实现的一种理想结果，这种理想结果最终是提高土地利用中农民与全社会的福利。由于各个国家和一个国家不同时期的自然、经济和政治环境不同，土地政策制定者的理论认知、价值取向及政策手段的差异，土地政策目标选择存在明显差异，这种差异主要体现在土地所有、流转、使用中的公平与效率目标的安排上。

（二）农业土地政策目标的演变

农业土地政策目标一般包括土地资源的最优配置、土地资源的保护和利用、土地资源的平均分配及荒地的开发和利用等。不同国家（地区）在不同历史时期其农业土地政策目标侧重点不同。各国（地区）农业土地政策目标的变化具有一定的共性，首先追求土地资源分配的公平性，其次追求土地资源的配置效率最大化，最后加强对土地资源的保护和利用。

二、中国的农业土地政策目标

（一）实现效率与公平的统一

1979 年我国农业土地使用制度改革后，农民真正成为土地的主人，最大意义上的公平已经实现，如何实现效率目标成为农业土地政策面临的最大问题。

1. 提高土地利用率

土地政策的效率目标首先表现为能够充分利用可利用的土地资源，避免土地的浪费。到 2015 年年底，我国耕地约 1.35 亿公顷，农业发展受到严峻的土地资源约束。土地资源的充分利用，是我国土地政策一贯的目标。

2. 提高土地生产率

任何一个国家的农业生产，都希望地尽其力，从单位投入中获得最大的产出，提高生产者的收入，满足经济发展对农业提出的要求。中国人多地少，耕地资源尤其短缺，提高土地生产率在土地政策的效率目标中占有重要地位。通过土地资源的有效配置，鼓励农户对土地进行投入，采用先进的生产技术和管理方式，提高单位土地面积上的产量，是我国土地政策的重要目标。

3. 提高劳动生产率

土地利用过程中，劳动生产率的高低能够反映土地经营规模的大小和农业劳动力转移的状况。劳动生产率的提高又是农业劳动力向非农产业转移、人地关系改善、土地经营规模扩大的前提条件。因此，这一目标在农业土地政策中具有重要意义。

（二）赋予农民长期而稳定的土地使用权，保障农产品供给

我国是人口大国，通过进口满足众多人口对农产品的需求是不现实的，因此，保证农产品的基本供给能力，提高农产品自给率，才能满足众多人口对农产品的需求。要保障农产品供给，使农民具有长期而稳定的土地使用权至关重要。这将有助于提高农民增加农产品供给的积极性，还会促使他们自觉克服短期行为，提高土地资源的利用率。因此保证农民长期而稳定的土地使用权，是我国土地政策目标的重要取向，也是保障农产品供给所必需的。为此，十五届三中全会通过的《中共中央关于农业和农村工作的若干决定》，1999 年开始实施的新《土地管理法》以及 2003 年年初实施的《农村土地承包法》等都特别强调"赋予农民长期而有保障的土地使用权"和"土地经营期限 30 年不变"等，其目的正是赋予农民长期而稳定的土地使用权，保障农产品供给。

（三）优化资源配置，扩大土地利用的集约化边界

我国农业的分散式劳作使土地经营粗放，且产出效率低下，难以接受现代农业科学技术的武装。为了摆脱这一瓶颈的制约，必须扩大土地利用的集约化边界。我国几乎所有涉及土地使用制度安排的政策文件都提出，在坚持土地集体所有且不改变其用途和尊重农民意愿的前提下，允许土地使用权依法有偿转让，以优化土地资源的配置，发展规模经营和提高土地的集约化经营水平。显然，我国土地政策的这一目标取向所强调的正是效率优先、兼顾公平。从20世纪90年代初期曾试行过的"两田制"到目前的允许"四荒地"拍卖、土地股份制和股份合作制的推行等就充分体现了效率优先的政策含义。

（四）保护稀缺土地资源，实现土地的可持续利用

我国是人均耕地资源最少的国家之一，加之土地自然供给数量的固定性和无弹性，以及受报酬递减规律的制约，国家特别重视保护现有稀缺土地资源。为了达到土地资源可持续利用的目的，国家出台的一系列重要文件及配套政策均多次重申保护土地资源的紧迫性与执行的严格性。其中，"耕地占一补一"、鼓励"异地开发补充耕地"以及"禁止土地抛荒"等规定更是体现了土地政策所追求的长期公平与效率目标。

农业土地政策目标一般是按照"公平—效率—可持续发展"方向演进的。我国现行的土地政策主要体现的是公平目标，同时国家鼓励土地的适度规模经营，效果较明显。如何实现土地资源的优化配置和可持续利用，应该成为我国今后农业土地政策的首要目标。

第三节　农业土地所有政策

自从新中国成立以来，我国农村土地制度经过了多次变革，农业土地所有制为适应经济社会的发展也进行了多次变革。

一、土地所有政策的含义

土地所有政策，是在一定的社会条件下，国家或政府就土地归谁所有、归谁支配的原则及规范，其实质是土地所有权在不同社会主体也就是国家、集体和个人之间的分配原则及形式。土地所有权是指土地所有者依法对其土地享有的占有、使用、收益、处分的权能。

土地占有权是指经济主体对土地实际控制的权能，土地占有权在时间上可分为长期和短期占有权；在空间上分为地面、空中、地下占有权；在报偿上分为有偿和无偿占有权。土地使用权是指经济主体依法或依照约定对土地进行实际利用的权能，占有权是使用的前提，使用则通常是占有的必然结果。与土地占有权相对应，土地使用者所拥有的土地使用权也可按时间、空间、报偿而细分为若干具体权能。土地收益权是指经济主体依法或依照约定收取土地天然孳息和法定孳息的权能，它包括收获土地上生长的农作物，收取出租土地的地租等。土地处分权是指经济主体依法或依照约定处置土地的权能，包括出卖、出租、赠送、抵押等具体权利。土地所有者既可以直接行使占有、使用、收益和处分的权能，也可以依法或依照约定将其中的一项或几项权利授予他人行使。

二、农业土地所有权结构的类型

在不同的国家，土地所有权结构有很大差异。大多数国家农业土地以私有制为主体，我国实行以土地集体所有制为主体的社会主义公有制。

（一）以土地私有制为主的农业土地所有权结构

一些市场经济发达国家和地区农业土地则以私有制为主。例如，1986 年美国联邦政府和州政府拥有的农田仅占 4.9%，其余 95.1% 的农业土地归私人所有。可见，农业土地私人所有占主导地位。日本农业土地所有权结构与美国相近。1987 年，在日本的 544 万公顷农业土地中，个人私有的土地 528 万公顷，占农业土地的 97.1%，加上法人私有的土地，私有农业土地占 98.2%，只有 1.8% 的农业土地是公有的。

（二）以农业土地集体所有制为主体的社会主义公有制

自 20 世纪 50 年代中期以来，我国农业土地所有权结构一直以土地集体所有制为主体。根据《中华人民共和国宪法》（以下简称《宪法》）和《土地管理法》的规定，我国不存在土地的私人所有，实行土地社会主义公有制，即全民所有制和劳动群众集体所有制。

在我国，属于全民所有即国家所有的土地包括城市市区的土地；农村和城市郊区中已经依法没收、征收、征购为国有的土地；国家依法征用的土地；依法不属于集体所有的林地、草地、荒地、滩涂及其他土地；农村集体经济组织全部成员转为城镇居民的，原属于其成员集体所有的土地；因国家组织移民、自然灾害等原因，农民成建制地集体迁移后不再使用的原属于迁移农民集体所有的土地。属于劳动群众集体所有的土地包括农村和城市郊区的土地，除由法律规定属于国家所有的以外，属于农民集体；宅基地和自留地、自留山，属于农民集体所有。也可以理解为除上述属于全民所有的土地外，其他土地均属于农民集体所有。

农民集体所有的土地依法属于村农民集体所有，由村集体经济组织或村民委员会经营管理；已经分别属于村内两个以上农村集体经济组织的农民集体所有的，由村内该农村集体经济组织或村民小组经营管理；已经属于乡（镇）农民集体所有的，由乡（镇）农村集体经济组织经营管理。

三、农业土地集体所有政策

农业土地集体所有政策是以农业土地所有制度为基础的一系列有关政策的总称。农业土地集体所有权是农业土地所有制在法律上的表现，其主体是具有法人资格的各种集体经济组织，目前主要是乡（镇）、村两级集体经济组织；其内容包括法律意义上的占有、使用、收益和处分四项基本权能。但是在现代土地产权制度中，它一般仅指土地的最终归属权。我国农业土集体所有制度已形成，这一制度背景下形成的土地集体所有的总政策不容动摇。只有坚持这一总政策长期不变，才更有利于合理利用土地，更有利于农村生产力的发展和农民的共同富裕。

第四节　农业土地利用政策

土地利用是人类占用土地的最终目的。农业土地利用政策是指政府为了土地资源合理和有效利用，根据法律规定调整农业土地利用方向、结构、方式和强度所采取的行政、经济和技术（如计划和规划）手段的综合。农业土地利用有广义和狭义之分。狭义的农业土地利用仅指土地的使用、收益和保护。广义的农业土地利用是指土地的规划、开发、使用、收益和保护等。下面要介绍的是广义的农业土地利用政策中的规划、开发和使用政策。

一、农业土地规划政策

任何国家的农业土地利用都必须服从于国家的土地利用总体规划。我国 2004 年修订的《土地管理法》在总则中规定："国家编制土地利用总体规划，规定土地用途""使用土地的单位和个人必须严格按照土地利用总体规划确定的用途使用土地"。《土地管理法》第三章"土地利用总体规划"，对农业用地总体规划的政策规定就包含在其中。

二、农业土地开发政策

农业土地开发是根据农村社会经济发展的需要，改变原有土地使用方式，提高土地价值和土地利用的经济、社会和生态效益的一种活动。农业土地开发可从不同角度分为外延开发与内涵开发、单项开发与综合开发、零星地段开发与小区开发、一次开发与二次开发等。我国农业土地开发的具体政策如下。

（1）国家鼓励单位和个人依照土地利用总体规划，在保护和改善生态环境、防止水土流失和土地荒漠化的前提下，开发未利用的土地；适宜开发为农用地的，应当优先开发为农用地。

国家依法保护开发者的合法利益。

（2）开发未利用的土地，必须经过科学论证和评估，在土地利用总体规划划定的可开垦的区域内，经依法批准后进行。禁止毁坏森林、草原开垦耕地，禁止围湖造田和侵占江河滩地。对破坏生态环境开垦、围垦的土地，要有计划有步骤地退耕还林、还牧、还湖。

（3）开发未确定使用权的国有荒山、荒地、荒滩从事种植业、林业、畜牧业、渔业生产的，经县级以上政府依法批准，可以确定给开发单位或者个人长期使用。

（4）国家鼓励土地整治。县、乡（镇）人民政府应当组织农村集体经济组织，按照土地利用总体规划，对田、水、路、林、村进行综合整治，提高耕地质量，增加有效耕地面积，改善农业生产条件和生态环境。

（5）地方各级人民政府应当采取措施，改造中、低产田，整治闲散地和废弃地。

三、农业土地使用政策

（一）农业土地使用政策的概念

农业土地使用政策是以农业土地使用制度为基础的一系列有关农业土地使用方面的政策的总称，它反映了农业土地使用过程中所形成的经济关系，直接决定着农业土地资产的配置方式和利用效率。

农业土地使用政策的主要内容是农业土地使用权属的确定。土地使用权在法律意义上是一种他物权，是通过设定行为，从土地所有权中分离出来的一种相对独立的权利，包括占有、使用、收益和处分等内容。在现代土地产权制度中，土地使用权指土地的实际营运权，并且使用权和所有权往往是分离的，成为一个与所有权相对独立的权能。土地使用权主体是土地使用者，可以是国家、集体，也可以是具有一定资格的个人。土地使用权客体是设置了使用权的土地。

（二）我国的农业土地使用政策

自安徽省凤阳县小岗村农民秘密签订土地承包契约，实行家庭联产承包责任制并得到中央的肯定以来，党中央做出的《加快农业发展的决定》、1982—1986 年中央连续 5 个"一号文件"、1987 年的"五号文件"，1991 年中央《关于进一步加强农业和农村工作的决定》、1998 年党的十五届三中全会《关于农业和农村工作若干重大问题的决定》、2004—2015 年中央连续12 个"一号文件"等一系列专门的有关农业和农村工作的文件，都对家庭承包经营政策给予了高度评价和肯定；党的历次代表大会工作报告对家庭承包责任制政策都作了十分明确的政策界定；《宪法》《民法通则》《土地管理法》以及《关于确定土地所有权和使用权的若干规定》，又对家庭承包经营政策作了法律认定。因此，农业土地家庭承包经营政策是我国农业土地使用的最基本政策。我国农业土地使用政策的具体规定如下。

1. 集体内部成员承包经营政策

农民集体所有的土地由本集体经济组织的成员承包经营，从事农、林、牧、渔业生产。承包经营期限为 30 年。发包方和承包方应当订立承包合同，约定双方的权利和义务。承包经营土地的农民有保护和按照承包合同约定的用途合理利用土地的义务。农民的承包经营权受法律保护。在土地承包经营期限内，对个别承包经营者之间承包的土地进行适当调整的，必须经村民会议 2/3 以上成员或者 2/3 以上村民代表的同意，并报乡（镇）人民政府和县级人民政府农业行政主管部门批准。

2. 集体外部单位或个人承包经营政策

农民集体所有土地，可以由本集体经济组织以外的单位或个人承包经营，从事农、林、牧、渔业生产。发包方和承包方应当订立承包合同，约定双方的权利和义务。土地承包经营的期限由承包合同约定。承包经营土地的单位和个人，有保护和按照承包合同约定的用途合理利用土地的义务。农民集体所有的土地由本集体经济组织以外的单位或者个人承包经营的，必须经村民会议2/3以上成员或者2/3以上村民代表同意，并报乡（镇）人民政府同意。

3. 承包或开发国有土地从事农业经营的政策

国有土地可以由单位或者个人承包经营，从事农、林、牧、渔业生产。开发未确定使用权的国有荒山、荒地、荒滩从事农、林、牧、渔业生产的，经县级以上人民政府依法批准，可以确定给开发单位或者个人长期使用。

第五节　农业土地流转政策

农业土地流转包括土地所有权和土地使用权流转。农业土地流转政策是关于农业土地所有权和使用权转移的规范。由于我国《土地管理法》禁止土地买卖和实行农业土地双层经营体制，因此，我国农业土地流转专指农业土地使用权流转。

一、农业土地使用权流转的概念及意义

（一）农业土地使用权流转的概念

一般认为，农业土地使用权流转是指农业土地所有者按照市场经济规律，以提高土地利用效益为目的，通过出让、租赁、入股等多种方式，对农业土地配置现状进行调整，实现土地资源配置不断优化的一个动态过程。我国政府文件对农业土地流转概念的界定是：在确定物权属性的土地承包经营权的前提下，在遵循土地所有权归属和农业用途不变的原则下，权利人合法自愿地将土地的占有、使用、收益和处分等权利或部分权利从土地承包经营权中分离出来，通过转包、出租、互换、转让、股份合作等方式转移给其他农户或经营者，其实质是农村土地占有、使用、收益和处分权的流转。2014年中央一号文件中，赋予农民对承包地占有、使用、收益、流转及承包经营权抵押、担保权能。

农业土地使用权流转有两层含义：一是农民仅把使用权转

让出去，保留承包合同，收取一定的收益；二是农民把承包合同、土地经营使用权一起转让，农民不再保留任何权利，不与土地发生任何关系。

（二）农业土地使用权流转的重大意义

首先，土地承包经营权的合理流转能够优化土地资源配置。分散的土地经营制约了农业生产水平的提高，土地承包经营权的流转则可以集中土地，形成适度规模经营，推广农业机械化耕作，充分利用农业劳动力，极大地提高劳动生产率。

其次，有利于保障粮食和主要农产品供给，维护我国粮食安全。分散的小规模农业使得农户从农业取得的收入有限，导致农民兼业化、农业副业化的趋势显现，甚至出现土地抛荒，制约农业生产发展，造成粮食和主要农产品减产、威胁我国粮食安全，土地承包经营权流转和农业适度规模经营可以极大地提高农民收入，促使职业农民出现，专注于农业生产，保障粮食安全。

最后，有利于促进农业技术推广应用。由于传统一家一户拥有的土地太少，技术推广对家庭增收的作用有限，导致农民应用农业科技的积极性不高。而土地承包经营权流转，使农业适度规模化，会极大地增加农业科技的重要性，提高农民应用农业科技的积极性。

从经济方面，有助于提高土地产出、有效进行资源配置、直接提高 GDP 总量、稳定地区经济；从社会方面，可保障农民就业、福利和维护社会稳定；从政策方面，可大力推进农村土地流转，是深化农村改革、优化农业产业结构、发展适度规模经营、提升农业现代化水平的重要途径。

二、农业土地使用权流转方式的政策规定

承包方依法取得的农村土地承包经营权，可以采取出让、互换、租赁、入股、土地股份合作制、转包、"宅基地换住房，承包地换社保"、授权经营等其他符合有关法律和国家政策规定

的方式流转。

（一）出让

土地使用者按照土地有偿使用的原则，向出让者交纳土地使用权出让金，签订土地使用权出让合同，依法取得一定年限的土地使用权。这种方式目前主要表现为对"四荒地"进行拍卖。还可以采取招标或双方协议的方式。在规定的期限内土地成为使用者享有较多自主权的资产，可以依法进行再转让、出租、抵押和作价入股。

（二）互换

互换是指村集体经济组织内部承包土地的承包方为了便于耕种或者适应规模种植的需要，交换自己的承包地，其土地承包经营权也进行相应的交换。最具代表性的为重庆江津模式（建设用地互换）和新疆沙湾模式（耕地互换）。

（三）租赁

租赁是指农户签订租赁合同，将其所承包的全部或部分农村土地租赁给农业生产大户、农业产业化龙头企业或合作社从事农业生产，土地出租不改变农村土地承包关系，原来承包土地的农户继续按照原有的土地承包合同履行其义务，享受其权利。新参与的土地租赁方按照租赁合同的约定对土地承包方履行按期支付租金并不得改变农村土地用途的义务。可以采取现金或者实物的方式按年度支付租金。出租方式主要有农业公司租赁型、农业大户租赁型及农村反租倒包型等。

（四）入股

入股是指村集体经济组织的承包户为了发展规模农业，提高农业生产效益，将农村土地承包经营权折算为股权，自愿走农业产业化发展道路，实现农业生产合作，以土地承包权入股组成股份有限公司或者农业生产合作社，实现农业产业化经营。

（五）土地股份合作制

它属于村集体经济组织内部的一种产权制度安排，即在按人口落实农户土地承包经营权的基础上，按照依法、自愿、有偿的原则，采取土地股份合作制的形式进行农户土地承包使用权的流转。农户土地承包权转化为股权，农户土地使用权流转给土地股份合作企业经营。扣除相关项目的土地经营收入剩余按照农户土地股份进行分配。它代表当前农村土地流转模式创新的方向，也是比较普遍的一种农村土地流转模式。

（六）转包

转包是指村集体经济组织内部承包方将其承包经营权的全部或者部分转给同一村集体经济组织内部的其他农户从事农业生产。土地转包不改变原有的农村土地承包关系，原有的土地承包按照土地承包合同继续履行原有合同的义务，并享有相应权利。转包模式是目前农村土地流转面积最大、比例最高的一种形式。

（七）宅基地换住房，承包地换社保

它是指农民以放弃农村宅基地为代价，把农村宅基地置换为城市化、工业化发展用地，进而农户可以在城里获得一套住房。与此同时，农民自愿放弃农村土地承包权，与市民享受同等的医疗、养老等社会保障，逐步建立起城乡统一的公共服务体系。

（八）授权经营

开发未确定使用权的国有土地从事农业生产经营，经县级以上人民政府依法批准确定给开发单位或个人长期使用，就是采取授权方式。农民集体所有的山地、荒滩等地也可以采用授权方式鼓励单位或个人进行合法利用。国家建设所需对农民集体所有土地实行征用，是所有权的转移，不属于使用权的流转。

三、农业土地流转政策存在的问题及其解决对策

（一）中国农业土地流转政策存在的问题

近年来，随着农业土地流转的脚步加快，土地流转使得土地资源能够得到有效的利用，对农民增收和农村经济建设发挥重要作用。但是，在土地流转政策执行的过程中，也产生了一些问题，如强行推动土地流转，片面追求流转规模、比例，侵害了农民合法权益；土地流转机制不健全，土地流转市场不健全，服务水平有待提高；流转操作程序不规范；流转土地非粮化、非农化很普遍等。

（二）加快中国农业土地流转的对策建议

在农业土地流转的过程中，应该通过法律、生产经营、流转形式、社会保障体系等方面的不断完善，制定各种行之有效的措施，保证和促进土地流转政策的实施。这样，土地流转政策会逐步适应现代农村经济的市场化发展要求，起到繁荣、稳定农村和使农民利益最大化的作用。加快我国农业土地流转的对策建议如下。

1. 完善农村土地承包经营关系

农村土地承包经营权流转客观上需要推动土地承包权和经营权"两权分离"。明确土地的承包权与经营权的归属，对承包权和经营权进行物权保护，可以真正保护农民利益，为土地流转、调处土地纠纷、进行农业补贴和征地补偿等提供法律依据，直接影响着农业发展和农村社会的和谐。

2. 规范引导农村土地经营权有序流转

应尊重农民意愿，维护农民利益。土地流转的价格、面积、方式等问题必须由流出方（农户）同流入方协商。我国地域辽阔，农村情况千差万别，应鼓励各地根据具体情况，创新土地经营权的流转方式，重点关注土地经营权与金融的结合，探索建立土地经营权抵押、担保机制。要做好土地流转的服务工作，

健全土地经营权流转的县、乡、村三级服务网络。

3. 确立合理的土地经营规模

土地流转规模并不是越大越好，而是应该与我国的农业资源条件和农村发展实际情况相适应。我国人多地少，农村经济发展相对滞后，城乡二元体制改革仍在进行，大量农村劳动力还无法在短时间内脱离土地成为城市居民，现阶段农村部分有经营能力的农户可以实现土地的大规模经营，而大部分农户仍会保持着小规模经营，规模经营农户和传统家庭联产承包责任农户将在相当长时间内并存。由于存在一系列复杂的制约因素，在推进土地流转过程中不能拔苗助长。

4. 加强对流转土地用途的管理

在推动土地经营权流转过程中，要加强流转土地用途的管理，严格坚持耕地保护制度，防止土地"非农化"、耕地"非粮化"。逐步建立和完善农地使用情况的动态监督机制，通过系列措施的综合运用来加强对农地用途的监管，保证土地经营权能够切实推动农业发展，实现粮食稳产增产，保障国家粮食安全。

5. 完善农村社会保障制度

在缺少其他保障的背景下，土地就成为提供农村失业和养老保障的主要方式。出于对流转后的土地可能影响土地保障功能的担心，农户不愿意将土地流转出去。通过加大国家对农村社会保险的投入，农户获得医疗和养老保险则可以弱化土地的保障功能。如果社会保险建设完善，农户可以完全不依赖土地，对推动土地流转作用明显。

第六节 农业土地保护政策

加强土地管理，严格保护耕地，是我国的紧迫任务和基本国策。《土地管理法》明确指出："十分珍惜、合理利用土地和切实保护耕地是我国的基本国策。各级人民政府应当采取措施，全面规划，严格管理，保护、开发土地资源，制止非法占用土地行为。"

一、农业土地保护政策概述

农业土地保护政策是指在一定的社会条件下，国家或政府就耕地特别是基本农田保护所做出的规范。保护农业土地，是农业可持续发展的基础，也是促进社会经济可持续发展的基础。

实行农业土地保护政策是由耕地的重要性所决定的。首先，农业是国民经济的基础，耕地是农业生产的基础，是工业特别是轻工业原料的主要来源。其次，耕地是社会稳定的基础，耕地为农村人口提供了主要生活保障，是城市居民生活资料的主要来源。我国人均占有耕地仅 0.1 公顷，只占世界人均耕地的44%，而且随着人口不断增加，在未来还会进一步减少。所以，我国在未来经济发展中，必须采取世界上最严格的耕地保护措施，稳定耕地面积，不断提高耕地质量。

二、基本农田保护政策

我国实行基本农田保护制度。所谓基本农田，是指根据一定时期人口和社会经济发展对农产品的需要，依据土地利用总体规划确立的不得占用的耕地。

（一）实行基本农田特殊保护制度

1. 基本农田保护区的范畴

《土地管理法》规定，根据土地利用总体规划，下列耕地应当划入基本农田保护区：经国务院有关主管部门或者县级以上地方人民政府批准确定的粮、棉、油生产基地内的耕地；有良好水利与水土保持设施的耕地，正在实施改造计划及可以改造的中、低产田；蔬菜生产基地；农业科研、教学试验田；国务院规定应当划入基本农田保护区的其他耕地。

各省、自治区、直辖市划定的基本农田应当占本行政区域内耕地的80%以上。基本农田保护区以乡（镇）为单位进行划区定界，由县级人民政府土地行政主管部门会同同级农业行政主管部门组织实施。

2. 基本农田的保护政策

建设用地需征用基本农田的，必须由国务院批准；各级政府应当采取措施，维护排灌工程设施，改良土壤，提高地力，防止土地荒漠化、盐渍化，防止水土流失和污染土地；非农业建设必须节约使用土地，可以利用荒地的，不得占用耕地；可以利用劣地的，不得占用好地；禁止占用耕地建窑、建坟或者擅自在耕地上建房、挖沙、采石、采矿、取土等；禁止占用基本农田发展林果业和挖塘养鱼。

（二）实行占用耕地补偿制度

（1）非农建设经批准占用耕地的，按照"占多少、垦多少"的原则，由占用耕地的单位负责开垦与所占耕地的数量和质量相当的耕地；没有条件开垦或者开垦的耕地不符合要求的，应当按照省、自治区、直辖市的规定缴纳耕地开垦费，专款用于开垦新的耕地。

省、自治区、直辖市人民政府应当制定开垦耕地计划，监督占用耕地的单位按照计划开垦耕地或者按照计划组织开垦耕地，并进行验收。

县级以上人民政府可以要求占用耕地的单位将占用耕地耕作层的土壤用于新开垦耕地、劣质地或者其他耕地的土壤改良。

对于违反上述规定，拒不履行土地复垦义务的，由县级以上人民政府土地行政主管部门责令限期改正；逾期不改正的，责令缴纳复垦费，专项用于土地复垦，可以处以罚款。

（2）省、自治区、直辖市人民政府应当严格执行土地利用总体规划和土地利用年度计划，采取措施，确保本行政区域内耕地总量不减少；耕地总量减少的，由国务院责令在规定期限内组织开垦与所减少耕地的数量与质量相当的耕地，并由国务院土地行政主管部门会同农业行政主管部门验收。个别省、自治区、直辖市确因土地后备资源匮乏，新增建设用地后，新开垦耕地的数量不足以补偿所占用耕地的数量的，必须报经国务院批准减免本行政区域内开垦耕地的数量，进行异地开垦。

(三) 对农业土地闲置的管理政策

禁止任何单位和个人闲置、荒芜耕地。已经办理审批手续的非农业建设占用耕地，一年内不用而又可以耕种并收获的，应当由原耕种该幅耕地的集体或者个人恢复耕种，也可以由用地单位组织耕种；一年以上未动工建设的，应当按照省、自治区、直辖市的规定缴纳闲置费；连续两年未使用的，经原批准机关批准，由县级以上人民政府无偿收回用地单位的土地使用权；该幅土地原为农民集体所有的，应当交由原农村集体经济组织恢复耕种；承包经营耕地的单位或者个人连续两年弃耕抛荒的，原发包单位应当终止承包合同，收回发包的耕地。

第三章 农业补贴政策

第一节 大补贴政策

一、粮食生产政策

粮食是关系国计民生的重要商品，是关系经济发展、社会稳定和国家自立的基础，保障国家粮食安全始终是治国安邦的头等大事。加快发展现代农业，一定要夯实粮食生产这一基础。虽然我国粮食生产实现历史性的"十一连增"，连续 8 年稳定在 5 亿吨以上，连续 2 年超过 6 亿吨。但对我们这样一个十几亿人口的大国来说，人口还在增加，消费水平还在提高，无论怎样转方式、调结构，都绝不能把粮食产能调低了、耕地调少了，这是必须坚守的底线。只要粮食生产能力稳住了、上去了，我们就能"任凭风浪起，稳坐钓鱼台"，始终把中国人的饭碗牢牢端在自己手上。

（一）粮食生产"三项补贴"政策

农业"三项补贴"是指中央和省级财政为保障粮食安全、发展粮食生产，自 2004 年以来先后实施的农作物良种补贴、种粮农民直接补贴和农资综合补贴。

1. 种粮农民直接补贴政策

中央财政实行种粮农民直接补贴，资金原则上要求发放给从事粮食生产的农民，具体由各省级人民政府根据实际情况确定。

2. 农资综合补贴政策

补贴资金按照动态调整制度，根据化肥、柴油等农资价格变动，遵循"价补统筹、动态调整、只增不减"的原则及时安排和增加补贴资金，合理弥补种粮农民增加的农业生产资料成本。

3. 农作物良种补贴政策

水稻、玉米、油菜补贴采取现金直接补贴方式，小麦、大豆、棉花可采取现金直接补贴或差价购种补贴方式，具体由各省（区、市）按照简单便民的原则自行确定。

（二）促进粮食生产的政策

（1）新增补贴向粮食等重要农产品、新型农业经营主体、主产区倾斜政策。用于支持粮食适度规模经营，重点向专业大户、家庭农场和农民合作社倾斜。

（2）小麦、水稻最低收购价政策。为保护农民利益，防止"谷贱伤农"，2015 年国家继续在粮食主产区实行最低收购价政策。

（3）产粮大县奖励政策。对常规产粮大县、五年平均粮食产量或商品量分别列全国前 100 名的产粮大县和 13 个粮食主产区的前 5 位超级产粮大省给予奖励。

（4）农业防灾减灾稳产增产关键技术补助政策。在主产省实施小麦"一喷三防"全覆盖，大力推广农作物病虫害专业化统防统治。

（5）深入推进粮棉油糖高产创建和粮食绿色增产模式攻关支持政策。建设高产创建万亩示范片的基础上，开展粮食绿色增产模式攻关，探索在不同地力水平、不同生产条件、不同单产水平地块，同步开展高产创建和绿色增产模式攻关。

（三）粮食绿色增产模式攻关

2015 年 2 月 4 日农业部下发《关于大力开展粮食绿色增产模式攻关的意见》，其目标为努力实现"三个提高"，提高土地产出率，力争到 2020 年粮食单产平均每年提高 1 个百分点；提高劳动生产率，力争到 2020 年重点粮食作物耕种收综合机械化率提高 10 个百分点；提高投入品利用率，力争到 2020 年化肥、农药利用率提高到 40%以上，农田废旧地膜回收率达到 80%以上。努力实现"两个零增长"，力争到 2020 年，实现粮食和农业生产的化肥、农药使用量零增长。

（四）国家有关的粮食生产政策

国家及有关部门《关于扎实做好 2015 年农业农村经济工作的意见》《关于加快转变农业发展方式的意见》《关于建立健全粮食安全省长责任制的若干意见》《全国农业可持续发展规划（2015—2030 年）》等文件中都涉及粮食生产方面的政策，主要内容如下。

1. 落实和完善粮食扶持政策

认真完善和落实粮食补贴政策，提高补贴精准性、指向性。新增粮食补贴要向粮食主产区和主产县倾斜，向新型粮食生产经营主体倾斜。加强补贴资金监管，确保资金及时、足额补贴到粮食生产者手中。引导和支持金融机构为粮食生产者提供信贷等金融服务。完善农业保险制度，对粮食作物保险给予支持。

2. 建立新型粮食生产经营体系

积极培育种粮大户、家庭农场、农民合作社、农业产业化龙头企业等新型粮食生产经营主体。加快建立健全承包土地经营权流转市场，鼓励有条件的农户在自愿的前提下，将承包土地经营权流转给新型粮食生产经营主体。

3. 切实加强耕地保护

落实最严格耕地保护制度，加快划定永久基本农田，确保基本农田落地到户、上图入库、信息共享。确保耕地保有量在 18 亿亩以上，基本农田不低于 15.6 亿亩，防治耕地重金属污染，到 2020 年全国测土配方施肥技术推广覆盖率达到 90%以上，化肥利用率提高到 40%，努力实现化肥施用量零增长。推广高效、低毒、低残留农药，生物农药和先进施药机械，推进病虫害统防统治和绿色防控，到 2020 年全国农作物病虫害统防统治覆盖率达到40%，努力实现农药施用量零增长。

4. 积极推进粮食生产基地建设

建成一批优质高效的粮食生产基地，将口粮生产能力落实到田块地头。加大财政均衡性转移支付力度。大力开展粮食高产创建活动，推广绿色增产模式，提高单产水平。引导企业积极参与粮食生产基地建设，发展产前、产中、产后等环节的生产和流通服务。加强粮食烘干、仓储设施建设。

5. 加快建设高标准农田

粮食主销区和产销平衡区要建设一批旱涝保收、高产稳产的口粮田，稳定和提高粮食自给率。加强农田水利建设，实施农业节水重大工程，解决好农田灌溉"最后一公里"问题，不断提高农业综合生产能力。

6. 提高粮食生产科技水平

将提高粮食单产作为主攻方向，加大财政投入，鼓励引导社会资本参与粮食生产科技创新与推广运用，努力提高科技对粮食生产的贡献率。培育和推广"高产、优质、多抗"粮油品种。大规模开展粮食高产创建和增产模式攻关，集成推广高产、高效、可持续的技术和模式。加快发展农业机械化，强化农机农艺深度融合，实现粮食作物品种、栽培技术和机械装备的集成配套。建立基层农技推广机构和人员绩效考核激励机制。

二、农资综合补贴

1. 出台背景

为了应对农业生产资料价格上涨给农民带来的种粮成本增加的问题，2006年国家在粮食直补政策的基础上出台了农资综合补贴政策，对种粮农民在柴油、化肥、农药、农膜等农业生产资料的增支实施直接补贴，用于稳定农民种粮收益，提高广大种粮农民的生产积极性。在农资价格上涨较快的背景下，2009年，国家相关部门又提出进一步完善农资综合补贴动态调整机制，遵循"价补统筹、动态调整、只增不减"的原则及时安排和增加补贴资金，合理弥补种粮农民增加的农业生产资料成本。

小知识

农资综合补贴是指政府对种粮农民购买农业生产资料（包括化肥、柴油、农药、农膜等）实行的一种直接补贴制度。

2. 补贴对象

所有纳入 2004 年农业税收政策性调整的种粮农民。

3. 补贴标准

每年中央财政统筹考虑农资涨价幅度、粮价变化水平和财政补贴力度等因素，确定补贴标准。2015 年，农资综合补贴执行的补贴标准为：小麦 60 元/亩（1 亩≈667 平方米，全书同），玉米、薯类和杂粮均为 44 元/亩，补贴面积依据"上年实际种植面积"进行补贴。

4. 发放方式

农资综合补贴不仅大部分资金分配、核定办法与种粮农民直接补贴相同，而且资金管理和发放渠道也与种粮农民直接补贴相同。主要采取村级公示、档案管理、"一折通"或"一卡通"发放等方式确保补贴资金及时足额地发放到种粮农民手中。

5. 不予补贴的范围

（1）未经国家有关部门批准，在私自新开垦的农田中种植的粮食作物，不给补贴。

（2）在已经实施退耕还林项目的地块内种植的粮食作物，不给补贴。

（3）在经济作物中套种的粮食作物，不给补贴。

（4）在河滩、滩涂、渠灌内种植的粮食作物，不给补贴。

案例分析

大姚县的农资综合直补

2015年6月，云南省大姚县三岔河镇三岔河社区张贴出的一则公示，引人注目："序号322号，组别：大洼子；户主：汤××；补贴面积：5.38亩；补贴金额：599.66元；补贴公示期：6月10—15日。"该社区633户农户的农资综合补贴已经核实面积，公示后已经由镇农经站造册，镇信用社通过"一折通"全部打到农户户头上了，补贴最多的牛厩房小组的杨××户，拿到了679.9元，最少的也有100多元。

按照大姚县县政府关于"早布置、早发放、早惠及"的要求，当地相关部门严格按规定程序操作，公平、公正地对种粮农民购买化肥、农药、农膜等农业生产资料实行了"综合直补"的政策。按每亩112元的计税面积，全县共发放2015年度农资综合补贴2 295万元，受益农户69 677户。

◆ **思考**

1. 您每年拿到手的农资综合补贴有多少？
2. 当地农资综合补贴资金发放主要集中在什么时间？

三、良种补贴

良种补贴又称良种推广补贴，是中央财政为扶持农民生产选用优良品种及配套栽培技术、降低农民用种成本、增加农民收入而提供的资金补贴。

（一）农作物良种补贴

1. 出台背景

为了支持农民积极使用优良作物种子，提高良种覆盖率，从2002年开始，我国组织实施良种补贴项目，中央财政投入1

亿元对大豆良种进行补贴。2003 年，小麦也被列入良种补贴范围，中央投入资金 3 亿元。2004 年，良种补贴范围进一步扩大到小麦、大豆、水稻、玉米 4 个品种。2007 年，又新增棉花、油菜 2 个品种。2010 年，青稞也被列入补贴范围。2011 年新增马铃薯、花生的良种补贴。

2. 补贴范围

（1）水稻、小麦、玉米、棉花良种补贴实现全国 31 省、自治区、直辖市全覆盖。

（2）大豆在辽宁、吉林、黑龙江、内蒙古自治区（以下简称内蒙古）实行良种补贴。

（3）油菜在江苏、浙江、安徽、江西、湖北、湖南、重庆、四川、贵州、云南及河南信阳、陕西汉中和安康等省市区实行冬油菜良种补贴。

（4）青稞在四川、云南、西藏自治区（以下简称西藏）、甘肃和青海等省、自治区的藏区实行良种补贴。

（5）马铃薯、花生在内蒙古、甘肃、河北和山东等主产区实行了良种补贴试点。

3. 补贴对象

对生产中使用农作物良种的农民（含农场职工）给予补贴。对土地承包人租赁土地给别人种植或者由别人代种使用农作物良种的，按"谁种植谁享受补贴"的原则，补贴资金直接发放给承租人或者代种人。

4. 补贴标准

不同作物的补贴标准不同，不同地域的补贴标准也存在差异。每年国家也会根据具体情况调整补贴标准。根据 2015 年公布的新政策显示，小麦、玉米、大豆、油菜、青稞每亩补贴 10 元，其中，新疆维吾尔自治区（以下简称新疆）地区的小麦良种补贴 15 元；水稻、棉花每亩补贴 15 元；马铃薯一、二级种薯每亩补贴 100 元；花生良种繁育每亩补贴 50 元、大田生产每亩补贴 10 元。

5. 发放流程

良种补贴发放流程见下图。

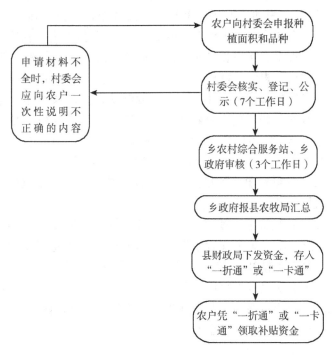

图 良种补贴发放流程

（二）畜牧良种补贴

畜牧良种补贴是国家为扶持引导畜牧养殖户认识良种、使用良种，提高生产效率，增加经济收入而实施的一项支农惠农政策。补贴资金从最初的 1 500 万元增加到 2015 年的 12 亿元，补贴畜种从奶牛逐步扩大到生猪、肉牛、绵羊、山羊、牦牛 5 大畜种。

1. 奶牛良种补贴

（1）补贴范围。我国于 2005 年对奶牛实施畜牧良种补贴，目前荷斯坦牛（含娟姗牛）良种补贴在全国范围实施，奶水牛良种补贴在福建、河南、湖北、湖南、广西壮族自治区（以下简称广西）、贵州、云南 7 个省、自治区选择项目基础条件好、能繁母牛存栏在 3 000 头以上的县（市）整县推进，乳用西门塔尔牛、褐牛、牦牛和二河牛良种补贴在内蒙古、吉林、安徽、江西、四川、青海、新疆 7 个省、自治区及新疆生产建设兵团等各项目省选择能繁母牛存栏在 5 000 头以上的县（市）整县推进。2015 年奶牛良种补贴数量为 837.9 万头。此外，2015 年在北京、天津、河北、内蒙古、黑龙江、上海、山东、河南、新疆 9 个省、市、自治区试点实施奶牛胚胎补贴。

（2）补贴对象。项目区内使用良种精液开展人工授精的奶牛养殖场（小区、户）。

（3）补贴标准。按照每头能繁母牛每年补贴 30 元或 20 元。除水牛外，荷斯坦牛（含娟姗牛）每头能繁母牛每年使用 2 剂冻精，每剂冻精补贴 15 元，其他奶牛品种每剂冻精补贴 10 元。奶水牛每头能繁母牛每年使用 3 剂冻精，每剂冻精补贴 10 元。

（4）补贴品种。包括荷斯坦牛、娟姗牛、乳用西门塔尔牛、褐牛、牦牛和三河牛等品种。

2. 生猪良种补贴

（1）补贴范围。我国于 2007 年对生猪实施畜牧良种补贴，在天津、河北、山西、内蒙古、辽宁、吉林、黑龙江、江苏、浙江、安徽、福建、江西、山东、河南、湖北、湖南、广东、广西、海南、重庆、四川、贵州、云南、陕西、甘肃、宁夏回族自治区（以下简称宁夏）26 个省、自治区、直辖市及黑龙江农垦和广东农垦等各项目省选择能繁母猪在 2 万头以上、生猪人工授精覆盖率在 50% 以上的县（市、区）实施。2015 年生猪良种补贴数量为 1 652.25 万头。

（2）补贴对象。项目区内使用良种精液开展人工授精的母猪养殖场（小区、户）。

（3）补贴标准。按照每头能繁母猪每年使用 4 份精液，每份精液补贴 10 元。

（4）补贴品种包括杜洛克猪、长白猪、大约克夏猪等国家批准的引进品种，以及培育品种（配套系）和地方品种。

3. 肉牛良种补贴

（1）补贴范围。我国于 2009 年对肉牛实施畜牧良种补贴，目前在河北、山西、内蒙古、辽宁、吉林、黑龙江、江苏、安徽、江西、山东、河南、湖北、湖南、广西、重庆、四川、贵州、云南、山西、甘肃、宁夏、新疆 22 个省、自治区、直辖市及新疆生产建设兵团等各项目省选择存栏能繁母牛 5 000 头以上的县（市）实施。2015 年肉牛良种补贴数量为 451 万头。

（2）补贴对象。项目区内使用良种精液开展人工授精的肉牛养殖场（小区、户）。

（3）补贴标准。按照每头能繁母牛每年使用 2 份精液，每份精液补贴 5 元。

（4）补贴品种国家批准引进和自主培育的肉牛品种，以及优良地方品种。

4. 绵羊、山羊良种补贴

（1）补贴范围。我国于 2009 年、2011 年相继对绵羊、山羊实施畜牧良种补贴，目前在河北、内蒙古、辽宁、吉林、黑龙江、安徽、山东、河南、湖北、湖南、广西、四川、贵州、云南、西藏、甘肃、青海、宁夏、新疆 19 个省、自治区及新疆生产建设兵团和黑龙江农垦等各项目省选择能繁母羊存栏 2 万只以上的县（市）实施。2015 年种公羊补贴数量为 24.76 万只。

（2）补贴对象。项目县内存栏能繁母羊 30 只以上的养殖户。

（3）补贴标准。绵羊、山羊种公羊每只一次性补贴 800 元。

（4）补贴品种。国家批准引进和自主培育的绵羊、山羊品种，以及优良地方品种。

5. 牦牛良种补贴

（1）补贴范围。我国于 2011 年对牦牛实施畜牧良种补贴，目前在四川、西藏、甘肃、青海、新疆 5 个项目省、自治区实施，项目县的选择由项目区省级畜牧兽医主管部门结合本地实际确定。2015 年牦牛补贴数量为 1.97 万头。

（2）补贴对象。项目县内牦牛能繁母牛 25 头以上的养殖户。

（3）补贴标准。牦牛种公牛一次性补贴 2 000 元/头。

（4）补贴品种。国家批准引进和自主培育的牦牛品种，以及优良地方品种。

（三）不予补贴的范围

（1）没有使用国家规定农作物品种的，不给补贴。

（2）没有达到国家规定养殖规模的，不给补贴。

（3）没有购买国家规定优良品种的，不给补贴。

（4）配种没有成功或达不到配种要求的，不给补贴。

案例分析

337 万元良种补贴让农民群众得实惠

2015 年 8 月，贵州省黄平县启动 2015 年农作物良种补贴资金兑现工作，全县共补贴面积 25.81 万亩，补贴金额 337.2 万元，其中水稻补贴 15.82 万亩 237.3 万元、玉米补贴 4.9 万亩 49 万元、小麦补贴 0.38 万亩 3.8 万元、油菜补贴 4.71 万亩 47.1 万元。种植水稻每亩补助良种补贴 15 元，种植玉米每亩补助良种补贴 10 元，种植小麦每亩补助良种补贴 10 元，种植油菜每亩补助良种补贴 10 元。

为做好此项工作，黄平县向全县人民公开补贴政策和办法，公示补贴标准、补贴面积、补贴金额等，操作全过程透明；补贴资金全部通过"一折通"系统直接发放到农户，确保农民受益；补贴面积由村委会组织农户申报并登记造册，造册后村委会按补贴要求进行核实，并以村或村民小组为单位按户张榜公示7天。同时，该县严格加强纪律监督，对在补贴工作中违反规定"暗箱操作"、弄虚作假、虚报冒领的，一经查实，严肃处理。

2010—2014年，黄平县共发放良种补贴1 730.749万元，补贴面积133.543万亩。

◆ **思考**

1. 你在当地从事农作物种植或畜牧养殖有没有获得良种补贴？

2. 当地有没有地方性的良种补贴？

四、农机具购置补贴

农机具购置补贴是指中央财政为支持农民个人和直接从事农业生产的农机服务组织购买符合国家要求且经过农机鉴定机构检测合格的农业机械、提高农业机械化水平而提供的一种资金补贴。

1. 实施范围

农机具购置补贴始于1998年，于2004年上升为中央重大支农惠农政策，实施范围每年都会有所调整，2012年起已经实现了全国所有农牧业县（场）的全覆盖。

2. 补贴对象

农机具购置补贴的补贴对象包括购买和更新大型农机具的农民个人、农场职工、农机专业户和直接从事农业生产的农机服务组织。

3. 补贴标准

一般农机每档次产品补贴额原则上按不超过该档产品上年平均销售价格的 30% 测算，单机补贴额不超过 5 万元；挤奶机械、烘干机单机补贴额不超过 12 万元；100 马力以上大型拖拉机、高性能青饲料收获机、大型免耕播种机、大型联合收割机、水稻大型浸种催芽程控设备单机补贴额不超过 15 万元；200 马力以上拖拉机单机补贴额不超过 25 万元；大型甘蔗收获机单机补贴额不超过 40 万元；大型棉花采摘机单机补贴额不超过 60 万元。

不同地区农机购置补贴政策的实施方式略有不同，根据国家绒毛用羊产业技术体系产业经济研究团队 2014 年的调研情况来看，新疆巩留县对养殖户购进青贮收割机、粉碎机、打捆机实行国家购机补贴 30% 的基础上，再给予 20% 的县级财政补助，也就是说，若一台机器 1 000 元，可享受国家补贴 300 元、县财政补贴 200 元。

4. 补贴种类

每年农业部根据全国农业发展需要和国家产业政策，并充分考虑各省地域差异和农牧业机械发展实际情况，确定补贴机具种类。2015 年补贴种类共计 11 大类 43 个小类 137 个品目。粮食主产省要选择粮食生产关键环节急需的部分机具品目敞开补贴，主要包括深松机、免耕播种机、水稻插秧机、机动喷雾喷粉机、动力（喷杆式、风送式）喷雾机、自走履带式谷物联合收割机（全喂入）、半喂入联合收割机、玉米收获机、薯类收获机、秸秆粉碎还田机、粮食烘干机、大中型轮式拖拉机等。棉花、油料、糖料作物主产省要对棉花收获机、甘蔗种植机、甘蔗收获机、油菜籽收获机、花生收获机等机具品目敞开补贴。

5. 兑付方式

实行"自主购机、定额补贴、县级结算、直补到卡（户）"的兑付方式，具体操作办法由各省制定。农民必须到由企业确定、省级农机化主管部门公布的补贴产品经销商那里去购买农机具，在购买过程中可以与经销商讨价还价，最后付账时只需要支付协商价格扣除补贴额之后的差价即可。

6. 不予补贴范围

（1）不是在中华人民共和国境内生产的农机具，不给补贴。

（2）没有获得部级或省级有效推广鉴定证书的农机具（新产品补贴试点除外），不给补贴。

（3）没有在明显位置固定标有生产企业、产品名称和型号、出厂编号、生产日期、执行标准等信息的永久性铭牌的农机具，不给补贴。

案例分析

李某在2009年想在某县农机经销商王某处购买一台水稻插秧机，并想获得国家农机购置补贴。由于分到县里的补贴资金有限，不可能每台农机都能享受到补贴，该县农机局采取申请登记摇号的方式确定补贴的对象。在申请登记摇号时李某按规定参加了摇号，为了提高李某的摇中率，由王某另找了张某、刘某、孙某3人也进行农机补贴申请登记摇号。结果李某没有摇中，而刘某摇中了，最后补贴款2万由李某取得，刘某从该县农机经销商王某处获得2 000元的辛苦费。

◆**思考**

1. 这种情况，李某、王某和刘某是否构成犯罪？

2. 该如何避免类似情况的发生？

【思考与训练】

1. 我们常说的国家给予农业的四大补贴是什么？在申请和发放方式上有什么异同？

2. 哪些情况下不能获得农业的四大补贴？

第二节 "菜篮子"产品生产扶持政策

"菜篮子"工程是支撑现代农业发展、确保主要农产品有效供给和促进农民就业增收的重要保障,是关系国计民生与社会和谐稳定的民生工程。它是农业部于1988年提出建设的。旨在解决肉、蛋、奶、蔬菜等副食品市场供应紧张的问题。自实施以来,"菜篮子"产品产量大幅增长,品种日益丰富,质量不断提高,市场体系逐步完善,从根本上扭转了我国副食品供应长期短缺的局面。而今,"菜篮子"面临的最大压力已不再是"短缺"而是价格暴涨暴跌。要落实好"菜篮子"工程,就要解决好农民"卖菜难"、居民"买菜贵"、副食品价格"过山车"、农业基层薄弱、食品安全等问题。

一、"菜篮子"工程发展阶段

"菜篮子"工程经历了4个阶段:第一个阶段是从1988年到1993年年底。这个阶段首先提出"菜篮子"市长负责制,其特点是城市的副食品基本得到解决,但质量还存在问题,主要是农药用量过多。第二阶段是从1995年起到1999年年底。这一时期是新一轮"菜篮子"工程,这个阶段的特点是将"菜篮子"工程扩展到城乡结合地区甚至城市郊区,扩大了范围。同时大力实施"设施化、多产化和规模化"三化政策。"设施化"就是大棚化。"多产化"就是种植多种新品种蔬菜。"规模化"就是大批量地种植。第三个阶段是从1999年到2009年年底。这一时期进入"菜篮子"快速发展阶段,是提高农产品安全性的阶段。国内农副产品的供求形势从长期短缺转向供求基本平衡,预示着"菜篮子"工程全面向质量层面发展。第四个阶段从2010年中央一号文件开始。中央一号文件着重提出体制与机制建设问题。体制就是管理,机制就是"公司+农户"或是"合作社+农户"。当前,最大的问题就是要求加快技术进步。

二、"菜篮子"产品生产支持政策

开展园艺作物标准园创建，在蔬菜、水果专业村实施集中连片推进，实现由"园"到"区"的拓展。特别是要把标准园创建和老果茶园改造有机结合，与农业综合开发、植保专业化统防统治、测土配方施肥等项目实施紧密结合，打造一批规模化种植、标准化生产、商品化处理、品牌化销售和产业化经营的高标准、高水平的蔬菜、水果、茶叶标准园和标准化示范区。为实现蔬菜周年均衡供应，重点抓好"三提高"：一是提高蔬菜生产能力，继续抓好北方城市设施蔬菜生产，积极争取扩大试点规模，提供可复制的技术模式，提高资源利用率及北方冬春蔬菜自给能力。二是提高蔬菜生产科技水平，加快推广一批高产、优质、多抗的蔬菜新品种，重点选育推广适合设施栽培的茄果类新品种。蔬菜标准园创建以集成示范推广区域性、标准化的栽培技术为重点，提高蔬菜生产的科技水平。三是提高蔬菜生产的组织化水平。在蔬菜标准化创建项目的资金安排上，加大对种植大户、专业合作社和龙头企业发展标准化生产的支持力度，推进蔬菜生产的标准化、规模化、产业化。

三、"菜篮子"工程建设重点

（一）园艺产品标准化生产基地

在大中城市郊区及周边地区和蔬菜、水果、茶叶等园艺产品优势产区，重点建设蔬菜、水果和茶叶标准化生产基地，整合集约化育苗设施、田间生产设施和商品化处理设施同步建设，推进产业化发展。

（二）畜禽标准化规模养殖场（小区）

加强对现有养殖场（小区）的标准化改造，主要包括水、电、路等基础设施建设，粪污等养殖废弃物贮存、运输、污染防治及综合利用，疫病防控、饲草料贮存（或青贮）、全混合日粮饲养、挤奶等配套设施的建设与完善以及相关仪器设备的购置等。

（三）水产健康养殖示范场

1. 养殖池塘生态环境修复设施建设

养殖排灌设施与进排水量相匹配，进水为明渠或涵管，排水为明渠；每口池塘有独立的进排水闸门；按养殖面积6%～15%建设生态净化设施。建设水质监测系统1套。

2. 场区配套设施建设

主干道路硬化路面净宽达到4米以上，修整支路净宽达到3米以上；每亩水面电力配置0.5千瓦以上；建设越冬繁育大棚。

3. 池塘养殖生产设施改造建设

单个池塘面积10亩左右，池塘保水深度2米以上，每个场实施池塘清淤挖深7.5万立方米；整修池堤护坡3.0万平方米；建设必要的生产用房、仓库等。

（四）海水工厂化健康养殖示范场

建设或改造养殖车间大棚、室内循环水养殖池，建设沉淀、过滤、净化、消毒等水处理设施，改造进排水管路。

（五）"菜篮子"产品批发市场

重点推动建设一批产地批发市场：国家级产地市场成为全国乃至世界的价格形成中心、产业信息中心、物流集散中心、科技交流中心和会展贸易中心。区域性产地市场成为区域内农产品的价格形成中心、信息传播中心、物流集散中心。农村田头市场成为农产品分级、包装、烘干、冷藏等活动的简易场所，实现农产品"存得住、运得出、卖得掉"。

第三节　林业政策

林业政策是党和国家在一定时期，为保护和合理利用我国森林资源，改善生态环境，发展林业生产，实现林业建设发展的目标而制定的行动纲领和准则。各级政府及其林业主管部门依据林业政策来指导、规范和影响林业的发展，解决和处理林业工作中遇到的各种矛盾和问题。林业作为国民经济优先发展的主体之一，党和国家历来非常重视林业的发展，在不同时期实施发布了许多重要的林业政策性文件，对林业发展起到了重要指导作用。

一、林业补助政策

根据 2014 年 4 月 30 日财政部、国家林业局联合印发《中央财政林业补助资金管理办法》的规定，中央财政林业补助资金是指中央财政预算安排的用于森林生态效益补偿、林业补贴、森林公安、国有林场改革等方面的补助资金。

（一）森林生态效益补偿

森林生态效益补偿是用于国家级公益林的保护和管理，包括管护补助支出和公共管护支出两部分。国有的国家级公益林管护补助支出，用于国有林场、苗圃、自然保护区、森工企业等国有单位管护国家级公益林的劳务补助等支出。集体和个人所有的国家级公益林管护补助支出，用于集体和个人的经济补偿和管护国家级公益林的劳务补助等支出。公共管护支出主要用于地方各级林业主管部门开展国家级公益林监督检查和评价监测等方面的支出。

（二）林业补贴

林业补贴是指用于林木良种培育、造林和森林抚育，湿地、林业国家级自然保护区和沙化土地封禁保护区建设与保护，林业防灾减灾，林业科技推广示范，林业贷款贴息等方面的支出。其中包括林木良种培育、造林和森林抚育补贴。

1. 林木良种培育补贴

包括良种繁育补贴和林木良种苗木培育补贴。良种繁育补贴对象为国家重点林木良种基地和国家林木种质资源库，林木良种苗木培育补贴对象为国有育苗单位。

2. 造林补贴

对国有林场、农民和林业职工（含林区人员）、农民专业合作社等造林主体在宜林荒山荒地、沙荒地、迹地、低产低效林地进行人工造林、更新和改造，面积不小于 1 亩的给予适当的补贴。

3. 森林抚育补贴

对承担森林抚育任务的国有森工企业、国有林场、农民专业合作社以及林业职工和农民等给予适当的补贴。森林抚育对象为国有林中的幼龄林和中龄林、集体和个人所有的公益林中的幼龄林和中龄林。一级国家级公益林不纳入森林抚育范围。

（三）森林公安补助

主要是用于森林公安机关办案（业务）经费和业务装备经费开支的补助。森林公安补助主要用于市级以下森林公安机关，补助使用范围包括森林公安办案（业务）经费和森林公安业务装备经费。

（四）国有林场改革补助

国有林场改革补助是指用于支持国有林场改革的一次性补助支出。主要用于补缴国有林场拖欠的职工基本养老保险和基本医疗保险费用、国有林场分离场办学校和医院等社会职能费用、先行自主推进国有林场改革的省奖励补助等。

二、林业防灾减灾补贴政策

根据损失程度、防灾减灾任务量、地方财力状况等因素分配。主要包括以下 3 个部分。

1. 森林防火补贴

指用于预防和对突发性的重特大森林火灾扑救等相关支出的补贴。补贴对象为承担森林防火任务的基层林业单位。

2. 林业有害生物防治补贴

指用于对为害森林、林木、种苗正常生长，造成重大灾害的病、虫、鼠（兔）和有害植物的预防和治理等相关支出的补贴。补贴对象为承担林业有害生物防治任务的基层林业单位。

3. 林业生产救灾补贴

指用于支持林业系统遭受洪涝、干旱、雪灾、冻害、冰雹、地震、山体滑坡、泥石流、台风等自然灾害之后开展林业生产恢复等相关支出的补贴。补贴对象为因灾受损并承担林业生产救灾任务的基层林业单位。

三、林业科技推广示范补贴政策

林业科技推广示范补贴是指用于对全国林业生态建设或林业产业发展有重大推动作用的先进、成熟、有效的林业科技成果推广与示范等相关支出的补贴。补贴对象为承担林业科技成果推广与示范任务的林业技术推广站（中心）、科研院所、大专院校、农民专业合作社、国有森工企业、国有林场和国有苗圃等单位和组织。支出范围主要包括林木新品种繁育、新品种新技术的应用示范、与科技推广和示范项目相关的简易基础设施建设、必需的专用材料及小型仪器设备购置、技术培训、技术咨询等。

四、林业贷款贴息补贴政策

林业贷款贴息补贴是指中央财政对各类银行（含农村信用社和小额贷款公司）发放的符合贴息条件的贷款给予一定期限和比例的利息补贴。中央财政对符合以下条件之一的林业贷款予以贴息：林业龙头企业以公司带基地、基地连农户的经营形式，立足于当地林业资源开发，带动林区、沙区经济发展的种植业、养殖业以及林产品加工业贷款项目；各类经济实体营造的工业原料林、木本油料经济林以及有利于改善沙区、石漠化地区生态环境的种植业贷款项目；国有林场（苗圃）、国有森工企业为保护森林资源、缓解经济压力开展的多种经营贷款项目，以及自然保护区和森林公园开展的森林生态旅游贷款项目；农户和林业职工个人从事的营造林、林业资源开发和林产品加工贷款项目。

第四节　畜牧业政策

畜牧业是我国农业的重要组成部分，它的持续健康稳定发展，不仅关系到农民的增收致富，更关系到民生大计。为扶持畜牧养殖业的发展，国家出台了一系列政策，鼓励广大农民规模养殖、科学养殖、安全养殖。2015年中央一号文件有针对性地提出发展意见，对畜牧业养殖将重点加大对生猪、奶牛、肉牛、肉羊标准化规模养殖场（小区）建设的支持力度，实施畜禽良种工程，加快推进规模化、集约化、标准化畜禽养殖，增强畜牧业竞争力。

一、生猪大县奖励政策

为调动发展生猪养殖积极性，中央财政安排奖励资金，专项用于发展生猪生产，具体包括规模化生猪养殖户（场）圈舍改造、良种引进、粪污处理的支出，以及保险保费补助、贷款贴息、防疫服务费用支出等。奖励资金按照"引导生产、多调多奖、直拨到县、专项使用"的原则，依据生猪调出量、出栏量和存栏量权重分别为50%、25%、25%进行测算。

二、畜牧良种补贴政策

从2005年开始，国家实施畜牧良种补贴政策，主要用于对项目省养殖场（户）购买优质种猪（牛）精液或者种公羊、牦牛种公牛给予价格补贴。

三、畜牧标准化规模养殖支持政策

支持发展畜禽标准化规模养殖，其中包括奶牛标准化规模养殖小区（场）。

建设内蒙古、四川等地方的肉牛肉羊标准化规模养殖场（小区）建设。支持资金主要用于养殖场（小区）水电路改造、粪污处理、防疫、挤奶、质量检测等配套设施建设等。2015年国家继续支持畜禽标准化规模养殖，但因政策资金调整优化等原因，暂停支持生猪标准化规模养殖场（小区）建设一年。

四、动物防疫补贴政策

我国动物防疫补助政策主要包括以下 5 个方面：一是重大动物疫病强制免疫疫苗补助政策。国家对高致病性禽流感、口蹄疫、高致病性猪蓝耳病、猪瘟、小反刍兽疫等动物疫病实行强制免疫政策；强制免疫疫苗由省级政府组织招标采购；疫苗经费由中央财政和地方财政共同按比例分担，养殖场（户）无须支付强制免疫疫苗费用。二是畜禽疫病扑杀补助政策。国家对高致病性禽流感、口蹄疫、高致病性猪蓝耳病、小反刍兽疫发病动物及同群动物和布病、结核病阳性奶牛实施强制扑杀。国家对因上述疫病扑杀畜禽给养殖者造成的损失予以补助，强制扑杀补助经费由中央财政、地方财政和养殖场（户）按比例承担。三是基层动物防疫工作补助政策。补助经费主要用于对村级防疫员承担的为畜禽实施强制免疫等基层动物防疫工作的劳务补助。四是养殖环节病死猪无害化处理补助政策。补助经费由中央和地方财政共同承担。五是生猪定点屠宰环节病害猪无害化处理补贴政策。国家对屠宰环节病害猪损失和无害化处理费用予以补贴，补助经费由中央和地方财政共同承担。

五、振兴奶业支持苜蓿发展政策

为提高我国奶业生产和质量安全水平，从 2012 年起，国家实施了"振兴奶业苜蓿发展行动"，中央财政每年安排资金支持高产优质苜蓿示范片区建设，重点用于推行苜蓿良种化、应用标准化生产技术、改善生产条件和加强苜蓿质量管理等方面。

六、病死畜禽无害化处理政策

为全面推进病死畜禽无害化处理，保障食品安全和生态环境安全，促进养殖业健康发展，2014 年 10 月 20 日国务院办公厅下发《关于建立病死畜禽无害化处理机制的意见》，明确了无害化处理的责任和措施。从事畜禽饲养、屠宰、经营、运输的单位和个人是病死畜禽无害化处理的第一责任人，负有对病死畜禽及时进行无害化处理并向当地畜牧兽医部门报告畜禽死亡及处理情况的义务。地方各级人民政府对本地区病死畜禽无害化处理负总责。县级以上地方人民政府要根据本地区畜禽养殖、疫病发生和畜禽死亡等情况，统筹规划和合理布局病死畜禽无害化收集处理体系，组织建设覆盖饲养、屠宰、经营、运输等各环节的病死畜禽无害化处理场所，处理场所的设计处理能力应高于日常病死畜禽处理量，并按照"谁处理、补给谁"的原则，建立与养殖量、无害化处理率相挂钩的财政补助机制。

七、综合治理养殖污染政策

根据《全国农业可持续发展规划（2015—2030年）》，畜牧业综合治理养殖污染发展规划为：支持规模化畜禽养殖场（小区）开展标准化改造和建设，提高畜禽粪污收集和处理机械化水平，实施雨污分流、粪污资源化利用，控制畜禽养殖污染排放。到2020年和2030年养殖废弃物综合利用率分别达到75%和90%以上，规模化养殖场畜禽粪污基本资源化利用，实现生态消纳或达标排放。在饮用水水源保护区、风景名胜区等区域划定禁养区、限养区，全面完善污染治理设施建设。2017年底前，依法关闭或搬迁禁养区内的畜禽养殖场（小区）和养殖专业户。建设病死畜禽无害化处理设施，严格规范兽药、饲料添加剂生产和使用，健全兽药质量安全监管体系。严格控制近海、江河、湖泊、水库等水域的养殖容量和养殖密度，开展水产养殖池塘标准化改造和生态修复，推广高效安全复合饲料，逐步减少使用冰鲜杂鱼饵料。

第五节　渔业政策

渔业是现代农业和海洋经济的重要组成部分。近年来，我国渔业快速发展，水产品产量大幅增长，渔民收入显著增加。

在渔业发展取得显著成绩的同时，我们也清醒地看到，我国渔业发展正面临一些突出的问题，集中体现在资源衰退、环境恶化、装备落后、发展方式粗放、涉外渔业管理难度加大等方面，这些问题对渔业的可持续发展构成很大的制约和影响。可以说，渔业发展面临加快转变发展方式、提升持续健康发展能力的战略抉择。在这样一个关键时期，国务院出台了一系列支持渔业发展的措施，对发展方针进行调整，明确了今后一段时期的主要任务，有效地促进渔业健康可持续发展。

一、渔业柴油补贴政策

渔业油价补助是党中央、国务院出台的一项重要的支渔惠渔政策，也是目前国家对渔业最大的一项扶持政策，较好地弥补了渔业生产成本、增加了渔民补贴收入、保障了成品油价格机制改革顺利推进。

二、渔业资源保护补助政策

该补助用于落实渔业资源保护与转产转业转移支付项目，其中包括水生生物增殖放流和海洋牧场示范区建设等。

三、以船为家渔民上岸安居工程政策

2013年开始中央对以船为家渔民上岸安居给予补助。2010年12月31日前登记在册的渔户至少满足以下条件之一的可列为补助对象：一是长期以渔船（含居住船或兼用船）为居所；二是无自有住房或居住危房、临时房，住房面积狭小（人均面积低于13平方米），且无法纳入现有城镇住房保障和农村危房改造范围。

四、海洋渔船更新改造补助政策

渔船更新改造坚持渔民自愿的原则，重点更新淘汰高耗能老旧船，将渔船更新改造与区域经济社会发展和海洋渔业生产方式转型相结合，形成到较远海域作业的能力。中央投资按每艘船总投资的30%上限补助，且原则上不超过渔船投资补助上

限。中央补助投资采取先建后补的方式，按照建造进度分批拨付，不得用于偿还拖欠款等。国家不再批准建造底拖网、帆张网和单船大型有囊灯光围网等对资源破坏强度大的作业船型。享受国家更新改造补助政策的远洋渔船不得转回国内作业；除因船东患病致残、死亡等特殊情况外，享受更新补助政策的海洋渔船十年内不得买卖，卖出的按国家补助比例归还国家。

五、渔业捕捞和养殖业油价补贴政策完善与调整

（一）补贴政策调整的原因

（1）2006 年以来的渔业油价补贴政策覆盖面广、补贴规模大、持续时间长，扭曲了价格信号，与渔民减船转产政策发生"顶托"。

（2）2006 年以来渔业油价补贴资金刚性增长，既造成了渔业对油价补贴的严重依赖，又加重了财政负担。

（3）我国渔船装备落后，安全性较差，能耗和污染较重，资源破坏性较大；渔港、航标等公共基础设施薄弱，防灾减灾功能不足；水产养殖基础设施条件落后，对环境和生态影响较大；渔业渔政管理基础薄弱，信息化手段落后。

（4）渔业情况复杂，渔船等补贴对象作业量、用油量信息采集较难，监管手段滞后，导致补贴政策在执行中走样变形。

（二）补贴政策调整的主要内容

2015 年 6 月 25 日财政部、农业部联合发布《关于调整国内渔业捕捞和养殖业油价补贴政策促进渔业持续健康发展的通知》（财建〔2015〕499 号）明确提出：以 2014 年清算数为基数，将补贴资金的 20%部分以专项转移支付形式统筹用于渔民减船转产和渔船更新改造等重点工作；80%通过一般性转移支付下达，由地方政府统筹专项用于渔业生产成本补贴、转产转业等方面。

（1）以专项转移支付形式支持渔民减船转产和生态环境修复以及渔船更新改造等渔业装备建设；支持渔民减船转产和人

工鱼礁建设，并对渔船拆解等给予一定补助，推动捕捞渔民减船转产。

（2）逐步淘汰双船底拖网、帆张网、三角虎网等对海洋资源破坏性大的作业类型，对纳入管理的老、旧、木质渔船进行更新改造，以船舶所有人为对象，设定标准，分类支持，先减后建，减补挂钩，同时支持深水网箱推广、渔港航标等公共基础设施和全国渔船动态管理系统建设。

（3）稳定养殖业油价补贴政策，调整相关核算标准和方式；国内捕捞业按渔船作业类型和大小分档定额测算，综合考虑资源养护、船龄等因素，逐步压减国内捕捞业特别是大中型商业性渔船补贴规模，对小型生计性渔船予以适当照顾。

第六节 对各类经营主体的支持政策

当前一个时期，创新农村经营体制要紧紧围绕建设现代农业，充分发挥农村基本经营制度的优越性，着力构建集约化、专业化、组织化、社会化相结合的新型农业经营体系，培育家庭农场、农民合作社、农业企业、农业社会化服务组织等新型农业经营主体，探索新的集体经营方式，加快发展农户间的合作经营，鼓励发展适合企业化经营的现代种养业，推进家庭经营、集体经营、合作经营、企业经营等共同发展。党中央、国务院和山东省委省政府一直高度重视"三农"发展，并对新型农业经营主体制定出台了一系列强农惠农富农政策。

一、家庭农场的支持政策

发展家庭农场是完善家庭承包经营制度的必然选择，是提高农业化规模化、集约化和专业化水平的有效途径，是提高农业生产经营组织化程度的重要基础。国家采取了一系列措施引导支持家庭农场健康稳定发展，主要包括开展示范家庭农场创建活动，推动落实涉农建设项目、财政补贴、税收优惠、信贷支持、抵押担保、农业保险、设施用地等相关政策，加大对家庭农场经营者的培训力度，鼓励中高等学校特别是农业职业院校毕业生、新型农民和农村实用人才、务工经商返乡人员等兴办家庭农场。

发展多种形式的适度规模经营。鼓励有条件的地方建立家庭农场登记制度，明确认定标准、登记办法、扶持政策。探索开展家庭农场统计和家庭农场经营者培训工作。推动相关部门采取奖励补助等多种办法，扶持家庭农场健康发展。

近几年来，山东省家庭农场发展迅速，目前全省有家庭农场3.8万家，有力地推动了农业的专业化、规模化、集约化。2013年山东省政府出台了《关于积极培育家庭农场健康发展的意见》，提出了对家庭农场要"加大财政扶持、加强金融支持、落实经营用地、搞好登记注册等优惠政策"。

二、农民专业合作社支持政策

（一）《中华人民共和国农民专业合作社法》规定的政策

《中华人民共和国农民专业合作社法》（以下简称《农民专业合作社法》）的颁布，明确了通过农业和农村经济建设项目扶持、财政扶持、金融支持、税收优惠、科技人才扶持等方式对农民专业合作社给予扶持，促进农民专业合作社的发展。

1. 产业政策倾斜

《农民专业合作社法》第四十九条规定，国家支持发展农业和农村经济的建设项目，可以委托和安排有条件的有关农民专业合作社实施。农民专业合作社作为市场经营的主体，由于竞争实力较弱，应当给予产业政策支持，把合作社作为实施国家农业支持保护体系的重要方面。

2. 财政补助

《农民专业合作社法》第五十条规定，中央和地方财政应当分别安排资金，支持农民专业合作社开展信息、培训、农产品质量标准与认证、农业生产基础设施建设、市场营销和技术推广等服务。对民族地区、边远地区和贫困地区的农民专业合作社和生产国家与社会急需的重要农产品的农民专业合作社给予优先扶持。目前，我国农民专业合作社经济实力还不强，自我积累能力较弱，给予专业合作社财政资金扶持，就是直接扶持农民、扶持农业、扶持农村。

3. 金融支持

《农民专业合作社法》第五十一条规定，国家政策性金融机构应当采取多种形式，为农民专业合作社提供多渠道的资金支持。具体支持政策由国务院规定。国家鼓励商业性金融机构采取多种形式，为农民专业合作社提供金融服务。

4. 税收优惠

农民专业合作社作为独立的农村生产经营组织，可以享受国家现有的支持农业发展的税收优惠政策。《农民专业合作社法》第五十二条规定，农民专业合作社享受国家规定的对农业生产、加工、流通、服务和其他涉农经济活动相应的税收优惠。支持农民专业合作社发展的其他税收优惠政策，由国务院规定。

目前，国家财税部门规定的支持农业发展的税收优惠政策主要涉及增值税、所得税和营业税三方面。农业专业合作社可以享受同等的税收优惠政策。

5. 其他扶持措施

各地、各有关部门和单位可以依据本地区、本行业的实际情况，制定相关的扶持政策，主要涉及资金扶持，信贷扶持，人才扶持，放宽经营范围，用地、用电、运输优惠及开通绿色通道等方面，促进农业合作社的发展。

（二）中央对农民专业合作社的支持政策

党中央、国务院历来高度重视农民专业合作经济组织的发展，对农民专业合作组织的发展作出了一系列重大决策，支持农民按照自愿、民主的原则，发展农民专业合作组织。

（1）鼓励农村发展合作经济，扶持发展规模化、专业化、现代化经营，允许财政项目资金直接投向符合条件的合作社，允许财政补助形成的资产转交合作社持有和管护，允许合作社开展信用合作。推进财政支持农民合作社创新试点，引导发展农民专业合作社联合社。鼓励地方政府和民间出资设立融资性担保公司，为新型农业经营主体提供贷款担保服务。创新适合合作社生产经营特点的保险产品和服务。

（2）落实和完善合作社税收优惠政策，把合作社纳入国民经济统计并作为单独纳税主体列入税务登记，做好合作社发票领用等工作。支持农民合作社发展农产品加工流通。

（3）增加农民合作社发展资金，支持合作社改善生产经营条件、增强发展能力。逐步扩大农村土地整理、农业综合开发、农田水利建设、农技推广等涉农项目由合作社承担的规模。

（4）加大对新型职业农民和新型农业经营主体领办人的教育培训力度。建立合作社带头人人才库和培训基地，广泛开展合作社带头人、经营管理人员和辅导员培训，引导高校毕业生到合作社工作。

（5）引导农民专业合作社拓宽服务领域，促进规范发展，实行年度报告公示制度，深入推进示范社创建行动。

（三）山东省对农民专业合作社的支持政策

1. 加大财政扶持

积极筹措资金，加大对农民专业合作社的扶持力度。优先扶持合作社示范社、贫困地区的合作社和生产国家与社会急需的重要农产品的合作社。采取直接补助、贷款贴息等方式，支持合作社开展信息服务、人员培训、农产品质量标准认证、农业生产基础设施建设、市场营销和技术推广等。对中央和省支持的农业生产、农业基础设施建设、农业装备能力建设和农村社会事业发展的财政资金项目和预算内投资项目，优先委托和安排符合项目实施条件的合作社承担。

2. 加强金融支持

根据农民专业合作社的特点和需要，制定支持合作社的信贷政策，设立适合合作社发展需要的贷款项目，为合作社提供多种形式的金融支持和服务，满足合作社小额贷款的需求。对于经营规模大、带动作用强、信用评级高的合作社，特别是县级以上示范社，实行贷款优先、利率优惠、额度放宽、手续简化。保险机构还要积极为具备条件的合作社提供保险服务。

3. 落实税收、用地优惠政策

在税务登记、纳税申报、发票领用等环节，税务部门为合作社提供优质、便捷的服务，确保合作社可以享受的国家各项税收优惠政策落实到位。对合作社因农业生产需要的和兴办加工企业等所需要的非农建设用地，在符合土地利用规划、城市规划和农业相关规划的前提下，国土资源部门应重点支持。

4. 支持科技兴社

支持农民专业合作社开展科技兴社。鼓励大专院校、科研推广机构在合作社建立试验示范基地，开展新品种、新技术、新成果、新项目方面的合作。支持有条件的合作社申报农业科研推广项目。鼓励合作社科技人员参加职称评定，加快合作社科技人才队伍建设。

5. 强化登记服务

对于具备一定规模和条件的农民专业合作社，允许申请冠县级以上行政区划名称。支持合作社扩大业务范围和投资经营领域，允许合作社跨地区在城镇设立分支机构销售自产农产品。积极探索各种类型的农民专业合作社登记工作，允许资金互助专业合作社进行工商登记，其业务范围按照银监部门金融许可证载明的业务内容核准。积极采取有效措施，方便成员较多的合作社的注册登记。工商部门对合作社登记不收费。

6. 优化发展环境

加强对农民专业合作社发展的正确舆论引导和宣传，营造促进合作社健康发展的良好氛围。纪检监察、物价、农民负担监管等部门加强监督检查，对非法干涉农民专业合作社发展、变相增加合作社及其成员负担等行为坚决予以查处。

三、农业产业化龙头企业的支持政策

农业产业化是我国农业经营体制机制的创新，是现代农业发展的方向。支持龙头企业发展，对于提高农业组织化程度、加快转变农业发展方式、促进现代农业建设和农民就业增收具有十分重要的作用。

（一）中央对龙头企业的支持政策

2012 年国务院印发了《关于支持农业产业化龙头企业发展的意见》，明确提出了加快发展农业产业化、做大做强龙头企业的总体思路、基本原则、主要目标和政策措施。这是农业产业化发展 20 多年来，国务院专门下发的第一个全面系统的政策指导性文件，对于加快推进农业产业化和建设现代农业具有历程碑意义。

1. 支持龙头企业生产基地和基础设施建设

支持符合条件的龙头企业开展高标准基本农田建设、土地整治、粮食生产基地、标准化规模养殖基地等项目建设。国家农业综合开发产业化经营项目向龙头企业倾斜。

2. 带动农户和专业合作社发展产地农产品初级加工

对龙头企业带动农户与农民专业合作社进行产地农产品初加工的设施建设和设备购置给予扶持。

3. 扶持龙头企业发展壮大

落实《国务院关于促进企业兼并重组的意见》的相关优惠政策，支持龙头企业通过兼并、重组、收购、控股等方式，组建大型企业集团。支持符合条件的国家重点龙头企业上市融资、发行债券、在境外发行股票并上市。

4. 支持龙头企业发展现代物流

支持龙头企业改善农产品储藏、加工、运输和配送等冷链设施与设备。铁道、交通运输部门要优先安排龙头企业大宗农产品和种子等农业生产资料运输。

5. 支持龙头企业开展质量管理和品牌培育

支持龙头企业开展质量管理体系和"三品一标"认证。龙头企业申报和推介驰名商标、名牌产品、原产地标记给予适当奖励。支持龙头企业申请商标国际注册，积极培育出口产品品牌。

6. 支持龙头企业强化人才培养

鼓励龙头企业采取多种形式培养业务骨干，积极引进高层次人才，并享受当地政府人才引进待遇。

7. 支持龙头企业开展科技创新

通过国家科技计划和专项等支持龙头企业开展农产品加工关键和共性技术研发。将龙头企业作为农业技术推广项目重要的实施主体，承担相应创新和推广项目。

8. 支持龙头企业承担重要农产品收储业务

支持符合条件的国家和省级重点龙头企业承担重要农产品收储业务。在税收、运输费和基础设施建设方面给予扶持。

9. 加大金融支持龙头企业力度

农业发展银行、进出口银行等政策性金融机构，加大对龙头企业固定资产投资、农产品收购的支持力度。鼓励农业银行等商业金融机构根据龙头企业生产经营的特点合理确定贷款期限、利率和偿还方式，扩大有效担保物范围，积极创新金融产品和服务方式，有效满足龙头企业的资金需求。

10. 支持龙头企业建立风险基金

支持龙头企业与农户建立风险保障机制，对龙头企业提取的风险保障金按实际发生额在计算企业所得税前扣除。

（二）山东省对龙头企业的支持政策

1. 加强基地建设

认真落实省政府关于龙头企业规模化种养及设施农业用地的各项政策。支持龙头企业建设高标准原料生产基地和示范基地。

2. 加快企业升级

鼓励龙头企业进行设备技术改造。认真落实国家关于龙头企业引进设备的各项关税减免政策，对引进高新技术设备给予扶持，对设备购置给予适当补贴。鼓励龙头企业提供先进适用的农机具，提升农业机械化水平。引导企业进行股份制改造和上市。

3. 加快科技创新

鼓励龙头企业开展新品种、新技术、新工艺研发，支持龙头企业申报高新技术企业、申报承担国家科技计划项目。鼓励龙头企业开展产学研结合，加强与科研院所的交流合作，搭建科技创新平台、农业技术推广和成果转化平台。办好农业科技园区和农业高新技术产业示范区，促进科技型农业龙头企业集聚发展。

4. 强化品牌培育

鼓励龙头企业树品牌、创名牌，提高品牌产品覆盖率。引导企业创建自有品牌，提高龙头企业特别是出口型企业的自有品牌比例。

5. 加强市场开拓

支持龙头企业建设冷链物流中心，大力发展连锁直销店、配送中心和电子商务，加快研发和应用农产品物联网。鼓励龙头企业发展"农超对接""农社对接""农校对接"等销售模式。降低农产品物流成本，加强农产品批发市场建设。

6. 加大金融扶持

引导政策性银行不断加大对龙头企业的扶持力度。鼓励地方银行机构有效满足龙头企业的资金需求，并在贷款利率方面给予一定优惠。引导省财政贷款贴息项目合作银行优先安排落实农业部门推荐的龙头企业贷款额度。探索多种形式的抵押担保机制，积极搭建银政企合作平台，鼓励地方政府出资设立面向农业服务的专业化融资担保机构，扩大农业保险覆盖范围，进一步完善龙头企业信用评价体系。鼓励符合条件的龙头企业通过股票市场、债券市场、股权交易市场进行融资，进一步拓宽融资渠道。引导龙头企业利用期货市场进行套期保值，避险增收。

7. 优化发展环境

多渠道统筹支农资金，整合政策资源，采取贷款贴息、项目扶持和奖励补助等方式，优先支持龙头企业发展。认真落实各项有关龙头企业的税收优惠政策。保障龙头企业生产用电、用水需求。鼓励龙头企业积极引进高层次人才，认真落实国家引进人才和大学生就业的优惠政策，在农民创业培训、劳动技能培训等方面优先支持龙头企业。

典型案例

◎山东高唐县百姓大甩手让合作社"代耕"◎

"今年俺把玉米田全部托管给了瑞杰农机合作社，只等10月初在家收粮食就行了。"8月27日，山东省高唐县姜店镇东白村农民梁义郡说。

近几年，高唐县针对国家农机购置补贴政策向农机合作社倾斜的实际，高度重视农机合作社规范化建设，通过政策扶持和引导，全县在工商部门注册的农机专业合作社有63家，入社农户近800户，拥有大中型拖拉机、小麦联合收割机、玉米收割机、免耕播种机、秸秆打捆及配套农机具达 3 000 余台

（套），带动农机化投入注册资金达 9 000 万元。

如今在该县，随着小麦免耕播种、小麦玉米全程机械化、秸秆机械化回收、土地深松化肥深施等先进农机化新技术的实施，农机合作社在农业生产中占据了主导地位，逐步成长为农业"代耕者"。

"农机合作社经营模式的转变，实现了多方共赢。"赵寨子镇畯农粮食种植专业合作社理事长张宪贵说，农机合作社挑起农业生产大梁后，极大地提高了农机具利用率，既减轻了农民劳动强度，又抢得了农时，更为重要的是农机化生产新技术在一线得到推广，极大地提高了粮食产量。

◎寿光鼓励农民开办"家庭农场" 促进土地流转◎

率先在全省内完成农村集体土地确权的寿光市，最近又在进行一项新的尝试：鼓励当地农民开办注册"家庭农场"，通过土地承包经营权的流转，实现农业规模化经营。同时，将土地流转出去的农民，除了能获得既定的租金收益外，还可到出租出去的土地上打工，额外获取又一份收益。目前，寿光当地已有 296 家"家庭农场"在当地工商局获得注册，在当地新农村办公室进行备案的则已达到 600 余家。十八届三中全会《中共中央关于全面深化改革若干重大问题的决定》提出："鼓励承包经营权在公开市场上向专业大户、家庭农场、农民合作社、农业企业流转，发展多种形式规模经营。"寿光在"家庭农场"上的"先行先试"为农村土地承包经营权的良性流转提供了可能。"土地进行流转后，农民既有土地的收益，同时也可以到专业合作社、专业大户，农业企业内进行打工获得工资收入。这对企业和农民来说是双赢的。"中共山东省委党校经济学教研部教授徐加明说。

1. 注册"家庭农场"不缴任何税费 寿光市侯镇斜庙子村的国钦芳在 2013 年 7 月 19 日拿到了寿光市首家家庭农场经营执照。当天，她在侯镇工商所完成了"寿光市斜庙子海滨家庭农场"的注册登记。

候镇斜庙子村地处弥河故道，系北部盐碱土壤和南部红壤接合处，适宜苹果种植。2012年12月，国钦芳通过招标承包了村里120亩果园，中央一号文件等相关政策出台后，驻斜庙子村"第一书记"王新文帮助国钦芳筹划成立家庭农场，进行规模化和品牌化经营。"我们村共有苹果园200多亩，我的农场占了一半，下一步我准备提升一下苹果品质和档次，目前我已经申请了'斜庙子'牌商标。"国钦芳预计，120亩的果园将为她带来每年约10万元的净利润。

除此，按规定，如果她的农场在每年度的评选中能够被评为示范家庭农场，还将获得1万元的奖励；在需要从银行贷款时，还将获得较同信用等级的用户下浮5~10个百分点的利率优惠。

这样的优惠政策还将延伸到财政扶持、品牌认证、用地等多个方面。更让"家庭农场主"们感到欣喜的是，上述《办法》还规定：除上级有新的明确规定外，注册登记的家庭农场不缴纳任何税费。

在政策的鼓励和扶持下，目前，寿光市在工商局登记注册的"家庭农场"已有296家，在新农村工作办公室进行备案的则多达600家。

2. 出租一份土地，获得两份收益 靠蔬菜销售发家的农民王德勇，则在寿光市台头镇北孙村承包了400亩土地注册了一家名为"以诚生态农场"的家庭农场。

这家农场现有40个大棚，共计120亩的地种菜，200亩种植法桐、盐柳、毛白蜡等苗木，另有40亩的果树，40亩的樱花和海棠。

王德勇的目标是用15年时间打造一个精品、花园式农场，有菜有花有树，且必须是生态循环农业。

王德勇正在做的工作是，将农场产生的全部大棚废料及动物粪便等重新利用，用沼气、沼液等将种养殖串联起来，实现自给自足。

　　将土地承包给王德勇的北孙村农民，将得到每年 600 千克小麦的租金。租金将以折合现金的方式支付。"比如说，今年的小麦价格是 2.6 元/千克，每亩地我就要支付大约 1 560 元的租金。"王德勇说。"为保证农民能够获得稳定的租金收益，我们要求农场至少按照 1 500 元的价格支付租金。也就是说，如果签订的协议是 600 千克小麦，支付时折合现金不足 1 500 元的，要按 1 500 元支付；超过 1 500 元的，按照实际价格支付农民租金。寿光市新农村办公室相关负责人介绍说。

　　除了稳定的租金收益，在寿光市，不少将土地流转出去的农民，还往往能通过在自己的土地上打工再获取一份收益。

　　由于王德勇的农场规模较大，在旺季时需要雇佣 30 多个"蔬菜工人"。一年下来，王德勇通常要支付工人近百万元的工资。这些被雇佣的工人多是北孙村村民。

　　在寿光市，这样的情形并不少见。

　　3. 土地确权登记，保障土地流转　2013 年，寿光全市集体土地所有权全部确权到位。6 月，代表潍坊市顺利通过省确权办检查验收的寿光市，成为全省首家通过省级验收的县级市。"如果农村集体土地的确权工作不能顺利完成，对于农村土地流转绝对是个大障碍。"寿光市新农村办公室相关负责人介绍说，在实际工作过程中，土地权属不清的现象在农村时有发生，"权属不清，土地就很难真正流转起来。一旦权属清晰，各方的担心也就随之消失了。"

　　寿光市经管局相关负责人则介绍说，目前寿光市已经建立健全了市、镇、村三级农村土地流转管理组织体系。建立了统一规范的农村土地流转程序和流转制度，规范土地流转合同管理，加强对土地流转全过程的服务和监督，防止出现改变土地用途现象。

　　"家庭农场"模式之所以能在寿光得以顺利推广，背后是全市农村集体土地所有权确权登记工作的完成。

　　同时，各镇街还相应建立了土地流转服务中心及土地纠纷调解机构，加强对农村土地流转工作的组织和管理，搞好流转后的跟踪服务和纠纷调解工作。同时，积极扶持和培育农村土地流转中介服务体系，使之成为农村土地流转双方的桥梁和纽带。

◎田文武：中国农业发展的"郑龙模式"◎

宁阳县蒋集镇郑龙村在稳定农村家庭承包经营制度和不改变土地农业用途的前提下，积极引导农民以土地经营权入社，于2007年7月1日成立了宁阳县蒋集镇郑龙有机蔬菜专业合作社，入社社员160户，入社股金92 000元，其中，身份股16 000元，投资股76 000元。村干部全部加入了合作社，村党支部书记田文武当选为理事长。合作社探索出了"股份+合作"的土地流转模式，实行规模化、标准化生产，既保证了农民的经营权、收益权，又提高了土地收益，增加了农民收入。中央电视台先后两次进行了报道，引起了中央有关部门及各级政府的关注。有关专家称其为"郑龙模式"或"宁阳模式"。

郑龙有机蔬菜专业合作社的经营模式如下。

"郑龙模式"是依托农业龙头企业成立有机蔬菜合作社，农民以土地经营权入社，合作社实行统一经营，实现农民增收、农业增效。其模式可概括为"土地入股、规模经营、权益保障、收益分红"。其运行方式和利益分配机制是：公司负责提供种子、技术、肥料、生物制药，保护价回收；合作社负责统一管理，保证产品质量，保证社员的收益，严格管理账目，进行收益分红；社员以土地入社，每亩土地为一股，享受每亩700元底金分红，年底盈余再按80%二次分红，20%作为合作社预留风险金。社员参加合作社的管理和劳动，由合作社支付报酬。

郑龙有机蔬菜专业合作社的经营情况如下。

（1）郑龙有机蔬菜专业合作社"股份+合作"的模式，以合作社为纽带，按照"民办、民管、民受益"的原则，实行社员大会、理事会、监事会民主管理制度，充分调动了社员参与的积极性。到2008年底，社员由160户发展到260户，加入合作社的土地由 230 亩发展到 920 亩。

（2）合作社挂靠龙头企业，实现了各方共赢。弘海食品公司年可增加有机蔬菜出口量 2 760 吨，增加收入 138 万元。公司每吨菜付给 100 元的组织费，全年可得 40 多万元的集体收入。合作社社员每股（亩）每年底金 700 元，加上分红和劳务收入，每亩每年最少可获得 3 200 元的纯收入，比加入合作社前每亩增加 2 500 元。

（3）经过 3 年的发展，合作社应对市场风险的能力进一步增强。合作社重新规划了基地种植结构，调整为既能出口又能内销的种植格局，创自己的品牌，现已注册了"龙渔泉"牌商标。与弘海公司合作，投资 260 万元新上的蔬菜加工厂和储藏 300 吨蔬菜的冷库，已经正式投产。合作社进行蔬菜深加工，提高了蔬菜的附加值，产品远销欧盟、日本，国内销售到沃尔玛、银座等各大超市，产品供不应求，达到了合作社与公司的共赢。

郑龙村两委干部带头创办合作社，以合作社为载体，促进了农民增收、农业增效，促进了各项公益事业的快速发展，为带领群众增收致富闯出了一条路子，村干部赢得了群众的信任和支持，增强了村"两委"的凝聚力，形成了干群齐心谋发展的大好局面。

第四章　农业金融支持政策

第一节　农业财政与金融政策的作用、手段和目标

　　财政政策和货币政策是国家政府对其宏观经济运行进行调控和管理的两大基本宏观经济政策。财政政策是指为促进就业水平提高，减轻经济波动，防止通货膨胀，实现稳定增长而对政府支出、税收和借债水平所进行的选择，或对政府收入和支出水平所作的决策。货币政策是指中央银行通过控制货币供应量以及通过货币供应量来调节利率进而影响投资和整个经济以达到一定经济目标的行为。而农业财政政策和农业金融政策是国家财政政策和货币政策的重要组成部分，它们在农业经济和农村经济的发展与运行过程中承担着重要的角色，发挥着调控功能。

一、农业财政政策的作用、手段和目标

　　农业财政政策是国家财政通过分配和再分配手段促进解决"三农"问题一系列政策的总和。农业财政政策对于一国的农业发展至关重要。

（一）农业财政政策的作用

1. 农业财政政策对农业生产具有导向作用

　　农业财政政策是政府对农业实行宏观调控与管理的手段，对农业生产具有导向作用。具体包括直接导向和间接导向两种形式。直接导向即农业财政政策直接作用其调节对象。例如对产粮大县的奖励政策，可以大大促进产粮大县的粮食生产发展，

提高粮食产量；对农业科技和教育的投入政策，可以大大推动农业科技和教育的发展。间接导向是农业财政政策对非直接调节对象的影响。如取消农业税，不仅使农民的种粮积极性得到提高，有效地鼓励了农民从事农业生产，也会影响消费者及从事农产品加工企业的选择。

2. 农业财政政策对农业生产具有调控作用

调控即协调与控制。农业财政政策的协调作用主要表现在对农业经济发展过程中的某些失衡状态的制约、调节能力，主要指调节农业与国民经济其他产业部门及农业内部的某些失衡状态。如财政支农政策主要通过财政资金引导资源对农业领域的流入流出来调控农业发展，同时调整与农业相关的利益群体之间的利益关系。农业财政政策的控制作用主要通过增税政策或采取收费等惩罚性措施的实施来实现。如对环境资源的维护不利的产品或生产项目，可以实行增税政策或收费等惩罚性措施加以控制。

（二）农业财政政策的手段

农业财政政策是政府为了实现一定的经济社会目标而制定的，主要运用财政手段，针对农业系统所采取一系列的政策措施。简言之，农业财政政策就是涉及财政手段的农业政策。

农业财政政策手段就是为了实现既定的政策目标所选择的具体途径或具体的实现方式和方法，具体包括农业税收政策和财政支农政策。

农业税是国家向从事农业生产的单位和个人就其取得的农业收入征收的一种税。全国人民代表大会常务委员会1958年6月3日通过的《中华人民共和国农业税条例》（以下简称《农业税条例》）规定，农业税征收范围包括粮食作物收入和薯类作物收入，棉花、麻类、烟叶、油料、糖料和其他经济作物收入，园艺作物收入，经国务院规定或者批准征收农业税的其他收入。计税依据为评定的常年产量，实行地区差别比例税率。

农业税是国家有计划集中广大农民为社会创造一部分纯收入的必要形式。通过征收农业税，可以调节农民内部的分配关系，掌握必要的粮食、棉花等重要战略物资，增加国家财政收入，为经济建设和改革积累资金。2006年1月1日起，《农业税条例》正式被废止。

进入21世纪以来，我国农村税费改革经过了两个阶段：第一阶段（2000—2003年），基本政策取向是"减轻、稳定、规范"，农民承担的税费负担显著下降；从2004年开始农村税费改革进入新阶段，根据当时情况和农业、农村发展的要求，以及国家的财力状况，转向全面取消农业税，原定5年实现取消农业税的目标，结果到2006年就全部取消了。这样农民负担总额减少约1 250亿元，人均减负约140元。

财政支农政策即财政政策中用于支持农业的政策，是指政府通过转移支付、购买支出、发行公债等财政政策工具，以向农业生产者提供农业公共品和服务，为农业生产的持续稳定发展创造良好外部环境为目的的各种直接和间接的资金投入。财政支农的支出可以划分为政府购买支出和政府转移支付支出。所谓的政府购买支出即政府在商品或劳务市场上购买商品或劳务时所发生的支出，包括支援农村生产支出和水利气象等各项农业事业费、农村基本建设投资、科技三项事业费等。财政支农中政府购买支出直接影响资源的配置和利用水平。政府转移支付支出，又称无偿支出，它主要是指各级政府之间为解决财政失衡而通过一定的形式和途径转移财政资金的活动，是用以补充公共物品而提供的一种无偿支出，是政府财政资金的单方面的无偿转移，体现的是非市场性的分配关系。

综上所述，自从2006年以来，我国的农业财政政策手段主要是财政支农的政策手段。

（三）农业财政政策的目标

从财政政策的角度来看，财政政策主要包括财政收入政策和财政支出政策。但是自从2006年全面取消农业税之后，农业财政政策主要表现为对农业的财政支出方面，即农业财政投入政策。农业财政投入政策是指政府运用财政手段，发展农业的一种财政资金投放，是财政支出的一个组成部分，主要包括财政的直接投入、价格支持和信贷支援。新时期农业财政政策的基本目标如下。

1. 促进农业发展

农业发展既是农民收入稳定增长的重要基础，也是国民经济健康运行重要而关键的环节。但是由于农业的产业特性和农业土地资源以及资金的稀缺性等多种原因，农业发展中经常面临着资金短缺、有效投入不足等困难。这就要求国家财政给予农业必要的支援，促进农业的发展。

2. 调节农业生产结构

农业生产各部门的发展与国民经济的发展往往存在矛盾，政府通过采用财政手段对农业生产进行调节，可以促使农业生产结构与国民经济发展和社会对农业产品的需求相适应。例如，运用产粮大县奖励政策、农业补贴政策等，来支持粮食生产和确保粮食安全、有效供给；运用生猪大县奖励政策来提高生猪养殖户的饲养积极性，以确保生猪的供给。

3. 调节农产品流通

财政政策对农产品流通的调节主要是通过税收政策实现的。例如，政府通过有关税收政策对商品的各级批发零售环节征税，可以增加商品经营者的流通成本，从而促使农产品多渠道、少环节流通体系的建立，加速商品周转。

4. 提高农业劳动生产率

农业生产率的提高，是人类社会中农业以外一切经济部门得以独立化和进一步发展的基础，也是提高经济效益的重要条件，亦是实现农业现代化的根本目标之一。我国财政政策注重发挥其导向作用，在促进农业劳动生产率提高方面，加大财政支持的力度，以实现提高农业劳动生产率的目标。

5. 调节工农关系、城乡关系

政府通过运用适当的财政支出政策可以调节工农关系、城乡关系。例如，政府通过对农业生产的补贴政策可以使城市居民获得低价的食品消费；政府通过对农业的投资倾斜政策可以促使农业开发的顺利进行；政府通过低税或减免税政策可以使农产品加工业得到优先的发展等。

农业财政政策的目标是服从于整个财政总目标的，因此，具体到一定的时期或条件下，农业财政的目标是有侧重点的。例如，在工业化初期，国家常常要求农业为工业提供资金积累，这时候的农业财政政策目标就可能以牺牲农业或农民的局部或暂时利益为工业的起步提供积累为目的。而在工业化完成后，国家的农业财政政策目标转移到支持农业、稳定农业的轨道上来，即进入"工业反哺农业"阶段。进入 21 世纪，我国农业财政政策实现了从支持农业生产到支持调整农业产业结构，再到支持农民增收的转变。采取了"多予、少取、放活、两减免、四补贴"等一系列促进农民增收的措施，惠及农民增产增收。

二、农业金融政策的作用、手段和目标

金融政策是指中央银行为实现宏观经济调控目标而采用各种方式调节货币、利率和汇率水平，进而影响宏观经济的各种方针和措施的总称。农业金融是指货币资金在农业领域内的融通。它是以资金为实体、信用为手段、货币为表现形式的农村资金运动、信用活动和货币流通三者的统一。农业金融政策是指为实现一定的农业发展目标，国家运用金融手段调整货币流通和信用的指导原则及相应的措施。农业金融政策对于农业生产与流通的健康有序发展发挥着重要的调控作用。

（一）农业金融政策的作用

1. 有效融通农村货币资金，促进农村社会资源优化合理配置

农业金融政策能够推动农村信用活动的开展，通过货币资

金的借贷，实现资金使用权的转移，并带动生产要素的流动，从而达到重新配置农村社会资源的目的。

2. 稳定农村货币流通，保证农村商品流通的正常进行

如果流通中货币过多或过少将会引发农村商品价格的大幅度波动，这将给农村经济活动带来不利影响。金融政策可以通过资金的投放与回笼来调剂货币的流通量，来稳定货币的购买力。这样可以避免流通中货币量的过多或过少对农村经济活动产生的负面影响。

3. 推动农村市场体系的发育和完善

金融市场是农村市场体系的一部分，作为要素市场之一，其承担着其他要素市场和商品市场的媒介。金融政策一方面对金融市场进行调控，另一方面对整个农村市场体系的发育和健全起着调控作用。

（二）农业金融政策的手段

农业金融政策的手段是政府为了实现既定的政策目标，对农村金融信贷活动进行调控的各种措施，主要包括农业信贷规模政策、农业信贷结构政策、农业信贷优惠政策、农业信贷条件、农业利率政策等。以下介绍前3种。

1. 农业信贷规模政策

农业信贷规模政策亦称农业信贷总量政策。其基本内容包括扩张性农业信贷政策、紧缩性农业信贷政策和稳定性农业信贷政策。扩张性农业信贷政策是不断增加农业信贷资金总量，扩大农业信贷资金的总规模；紧缩性农业信贷政策是减少农业信贷资金供给量，缩小农业信贷资金的规模；稳定性农业信贷政策是指在一定的时期内，将农业信贷总规模维持在大体相同的水平上。采用何种形式的农业信贷政策，不仅取决于农业本身发展状况和国家的产业政策，而且取决于整个国民经济的形势和国家信贷规模和信贷结构的总政策。

2. 农业信贷结构政策

农业信贷结构政策是国家为了保证农业信贷资金在农业生产各部门和各种生产之间实现合理配置而制定的原则。在实践中往往通过"区别对待，择优扶植"的政策来体现，即银行和信用社对农业企业发放贷款时，在调查研究的基础上，区别不同对象决定是否贷款、贷款额度、贷款期限、贷款条件和优惠程度，从而做到有所鼓励、有所限制，实现农业信贷结构政策的总目标。

3. 农业信贷优惠政策

其主要内容有农业信贷低利贴息政策、提供担保政策和豁免债务政策等。

农业信贷低利政策是指对农业贷款规定低于一般贷款的利息率，以支持农业的发展。在国家不直接经营银行的体制下，农业信贷低利政策的实行必须与贴息政策相结合。贴息政策是政府为了实现一定的农业目标，运用贴息手段引导贷款投向农业的一种措施。贴息政策一般是由政府与银行协议发放的。银行按照政府确定的原则发放贷款，政府向银行支付农业贷款利率与一般商业性贷款利率的差额，确保银行的利息收入。提供担保政策，是指政府以自己的信誉为农民提供担保，使农民在商业银行获得贷款。豁免债务政策是针对那些因天灾人祸等原因所致而长期无力偿清债务的农民，政府为其豁免债务。在国家不直接经营银行的体制下，由此而给银行带来的损失由国家财政给予补偿。

（三）农业金融政策的目标

农业金融是现代农村经济的核心，充分有效的金融服务对促进农业发展有着举足轻重的作用。农业金融政策的基本目标如下。

1. 支持农业健康稳定发展

具体包括支持粮、棉、油生产；加强农业基础设施建设；

为农业生产调节资金余缺；支持"优质、高产、高效"农业生产基地和农业现代化示范区的建设。

2. 确保农副产品的收购

为了保护农民的生产积极性和利益所得，政府在丰收年份的收购旺期，总要在信贷上采取专门的政策，即筹集和安排足够的资金来收购农副产品，使农产品的流通得以顺畅，确保农民的收入不减少。

3. 支持扶贫开发

各金融部门依据政府扶贫开发的政策要求，集中专项资金支持贫困地区和老、少、边、穷地区的经济开发，缩小地区间的贫富差别。

4. 大力发展农用工业

为了保证化肥、农药、农用薄膜、农业机械和柴油等农业生产资料的供应量逐年有所增加，并不断提高质量、降低生产成本，政府在信贷上对这些企业或新上项目常常实行投资倾斜和其他保护性政策。

5. 支持农村中小企业

各个农村金融机构积极支持农村中小企业的发展，使得农村中小企业不断优化产业、产品结构，增强产品的市场竞争能力，提高经济效益。

6. 化解农村金融风险

因为风险和收益不匹配，所以导致大量的资金流不到农村，农村的金融贷款不能得到有效满足。农村金融政策根据国家整体的金融形势，对农业信贷发行的数量、结构及发行对象进行控制、监管，防止金融风险的发生。

7. 执行国家的宏观货币政策

农业金融政策是国家货币政策的组成部分，主要包括紧缩性金融政策和扩张性金融政策。对农业金融是采取紧缩性政策还是扩张性政策取决于 3 个方面的因素：一是农业本身的状况；二是整个国民经济的发展状况；三是中央银行总货币政策的目标。

第二节 农业财政投入政策

农业投入政策是为一定的农业发展目标而建立的指导原则及相应的措施。农业投入政策的目标在于对各种农业投入主体的投资行为加以引导和调控。对农业投资调控是政府的重要职能。进入 21 世纪以后，随着我国农业经济结构的调整、农业产业化的实施，为了提高我国的综合国力，必须加大对农业的投资，加大农业投入是农业长期稳定发展的客观要求。

一、农业投资的投入机制及投入来源

（一）农业投资的概念

农业投资是为扩大再生产而投入农业生产领域的物化劳动和活劳动的货币表现。农业投资是指投资主体为取得一定数量的农产品和良好的生存环境，在农业生产过程中，投入资源（主要包括物质资源和人力资源），通过一定的运作方式，形成农业资产或资本的经济活动过程。农业投资有广义和狭义之分。狭义的农业投资是指农业生产过程中的固定资本和流动资本，不包括农业生产过程以外的资本消耗。广义的农业投资不仅包括农业生产过程中的固定资本和流动资本，还包括为农业生产服务的农业研究、教育、技术推广、农业生态和环境保护等方面的投资，而且涉及与农业投资关系密切的农用工业、水利、气象和林业。

（二）农业资金的投入机制

农业投入机制有广义和狭义之分。广义的农业投入机制是指农业资源的配置在市场经济规律的作用下生产要素的自由流动，即由市场对土地、资金、劳力、技术的配置起基础作用。狭义的农业投入机制是指在农业生产过程中，相互联系的不同投入主体通过筹集和运用资金，并供给农业生产所需投入的运作机制。

我国农业资金的投入分别是以国家、金融机构、农业合作经济的公共积累和农户为主体而实现的。其中，国家投资指中央和地方政府的农、林、水利、气象服务业的基本建设和更新改造投资，为农业生产服务的科研、教育、科技推广方面的资金投入以及国家直接投入农业的各项支出等；金融机构投资除大多用作维持简单再生产的流动资金外，也有一部分是用于扩大再生产的固定资金和新增流动资金；农业合作经济的公共积累（包括社员用于农业基本建设的劳动积累），一般用于合作经济独立进行的规模较小的农业基本建设和固定资产购置；农户投资指农民个人为维持和扩大农业生产对土地和购置各种生产资料的资金总投入。

（三）农业投资的来源

随着市场经济体制的逐步建立，中国农业投资主体呈现了以农户投资为主，国家财政投入、金融机构信贷投入、农村合作经济组织投入以及其他社会团体等投入为辅的多元化投入格局。

1. 国家财政对农业的投入

这是指农业财政投入，主要是国家财政预算中用于农业的各项投资支出，包括国家财政每年对农垦、农业、畜牧、林业、农机管理、水利、水产、气象部门的各项事业费和基本建设、流动资金、科技三项费用等专项拨款；国家直接投入农业的各项支出，如支持粮食生产和确保粮食安全、有效供给的各种财政支出；国家对农村社会救济和贫困地区的补助等。

2. 金融机构提供的用于农业的各种信贷资本

这包括各级国有银行的贷款、农村信用社的贷款、新型农村金融机构的贷款等。

3. 农村合作经济组织的积累投入

这主要是指农业合作经济的公共积累（包括社员用于农业基本建设的劳动积累），一般用于合作经济独立进行的规模较小的农业基本建设和固定资产购置。

4. 乡镇企业对农业的支持

这是改革开放以来农业投入的重要来源之一。乡镇企业发展较好的地区，其乡镇企业每年都直接或间接地对农业进行一定数额的资金投入。

5. 农户自有资金的投入

自从实行家庭联产承包责任制以来，农业资金的主要来源是农户的自有资金。农户自有资金投资包括个人或合股用于购买小型农业机械、牲畜、农具、化肥、农药等生产资料的投资。

6. 吸收各方面的直接投资

直接投资即以取得红利为投资报酬的形式。这是改革开放以后逐步发展起来的筹资方式。其来源主要包括支持农业中的私人企业和合股企业，吸引城市、工业资本注入农业，吸引外资投入农业等。

二、农业财政投入政策的历史及内容

中国农业财政投入政策是伴随着农村经济的发展而不断变革并逐步形成的，现在已经初步构成了与农业生产、农民收入、农村经济发展相适应的政策体系。

（一）中国农业财政投入政策的历史

1. 农业财政投入政策的初始与弱化阶段（1950—1977 年）

初始阶段（1950—1962 年），农业财政投入政策通过采取农产品的统购统销政策，即"农业反哺工业"的政策，导致了工农产品价格剪刀差，把农业剩余集中到国家手中。在财政支农支出方面，主要侧重投资农、林、水利、气象事业费，而对农业基本建设方面以及农村教育、卫生和文化、社会保障方面的投资较少，并且从农业上取得的财政收入要远大于财政对农业的投入。农业财政投入总额从 1950 年的 2.74 亿元增长到 1962 年的 36.82 亿元。

弱化阶段（1963—1977 年），呈现了"低投入、低产出、低效率"的特征，经济社会发展严重滞后，农业财政投入一直在较低的水平上徘徊，是增长最缓慢时期。农业、农村发展主要依靠集体分配制度。财政对农业的投入总额由 54.98 亿元增长到 108.12 亿元；农业支出占财政支出比重由 16.56% 下降到 12.82%。在此期间农业财政投入的最主要特征是波动幅度大，而且以地方财政为主。

2. 农业财政投入政策的巩固调整与强化阶段（1978—2003 年）

（1）利益倾斜与软性照顾（1978—1985 年）。实行家庭联产承包责任制以后，农业财政投入开始出现利益倾斜与软性照顾。1984 年开始，中央强调制止对农民的不合理摊派，减轻农民的额外负担。1978—1984 年，财政对农业的投入累计达 1 133.28 亿元，年均增长 51.66%。在此期间，财政投入主体虽然仍为地方财政，但中央财政投入比例有所提高。

（2）利益收敛与软性剥夺（1986—1996 年）。中央财政对农业投入的绝对规模从 1986 年开始有所增加，但农业财政投入额占中央财政投入总额的比重下降。尤其是中央财政对农业基本建设投资的减少，削弱了农业抵御自然风险的能力。1992—1996 年，财政支农支出年均增长 16.8%，而同期财政经常性收入年均增长 23%；财政支农支出占财政总支出的份额逐年下降，同时财政支农支出占国家财政总支出的比例远低于农业产值在国内生产总值中的比重，前者仅仅为后者的 1/2 或 1/3，财政支持力度与农业在国民经济中的地位与作用根本不相称。

（3）利益调整与软性照顾（1997—2003 年）。1998 年，中国进行财政体制改革，提出建立公共财政体制框架，在财政支出方面逐步朝公共财政方向调整，在一定程度上促进了农业财政政策的转变。财政用于农业、农村、农民的支出不断增加，主要侧重于农业基础产业的发展和西部基础设施建设与西部资源的开发与利用以及生态工程建设。从 2000 年开始，在全国 20 个省、市、自治区开展农村税费改革，2003 年在中国全面推开这一项收入分配制度。此时期的财政支农政策由重点支持农业转到关注"三农"上来，并提出了加大农业投入力度、增加国家投资农业水利建设的比例、扩大以工代赈范围等政策，加大中央和省、自治区、直辖市财政转移支付力度。

3. 农业财政投入政策稳定、快速、全面发展时期（2004 年至今）

党的"十六大"以来，党中央、国务院顺应时代要求，作出了一系列意义非常重大、影响深远的战略部署，连续出台了 12 个涉农的中央一号文件，把解决好"三农"问题作为全党工作的重中之重，加大了对"三农"的投入。综观进入 21 世纪的 12 个涉农中央一号文件，焦点始终集中在"农业、农村、农民"的出路问题上。中央连续出台的这些一号文件形成了新时期加强"三农"工作的基本思路和政策体系，构建了以工促农、以城带乡的制度框架，促进农业和农村发展取得巨大成就。

（二）中国农业财政投入政策的内容

1. 支持农业增产的财政政策

（1）对农业生产实行的四项补贴政策。农民收入能否随着国民经济特别是农村经济发展而增加是检验"三农"政策是否发挥效应的重要指标之一。进入 21 世纪，国家农业财政投入政策实现了从支持农业生产到支持调整农业产业结构，再到支持农民增收的转变。采取了一系列促进农民增收的措施，惠及农民增产增收。

一是取消农业税，增加转移支付，为农民减负。其基本政策取向是"减轻、稳定、规范"，从减税负转向全面取消农业税。二是对农业生产实行直接补贴，促进农民增收，主要实行

"粮食直补、良种补贴、农机具购置补贴、农资综合补贴"四项补贴。

粮食直补，全称粮食直接补贴，是为进一步促进粮食生产、保护粮食综合生产能力、调动农民种粮积极性和增加农民收入，国家财政按一定的补贴标准和粮食实际种植面积，对农户直接给予的补贴。良种补贴是指对一地区优势区域内种植主要优质粮食作物的农户，根据品种给予一定的资金补贴。农机具购置补贴，又称农机购置补贴，是指国家对农民个人、农场职工、农机专业户直接从事农业生产的农机作业服务组织，购置和更新农业生产所需的农机具给予的补贴，目的进提高农业机械化水平和农业生产效率。农资综合补贴是指政府对农民购买农业生产资料（包括化肥、柴油、种子、农机）实行的一种直接补贴制度。2011年中央四项补贴达到1 406亿元，2013年达到1 649亿元。

（2）产粮大县奖励政策。由于种粮比较效益低，加之中央对农业税收的免除，产粮大县出现财政困难。为调动地方政府重农抓粮的积极性，2005年中央财政出台了产粮大县奖励政策，当年安排资金55亿元。此后，中央财政对产粮大县的奖励力度逐年增加，奖励政策也逐步完善，目前已初步建立了存量与增量结合、激励与约束并重的奖励机制。

2009年产粮大县奖励资金规模为175亿元，到2013年产粮大县奖励资金规模达到了319.2亿元。2009—2013年，产粮大县奖励资金年均增长率达到了16.21%。

（3）提高农业综合生产能力的政策。①加大农业综合开发投入力度。农业综合开发是指中央政府为保护、支持农业发展，改善农业生产基本条件，优化农业和农村经济结构，提高农业综合生产能力和综合效益，设立专项资金对农业资源进行综合开发利用的活动。其任务是加强农业基础设施和生态建设，提高农业综合生产能力，保证国家粮食安全；推进农业和农村经济结构的战略性调整，推进农业产业化经营，提高农业综合效益，促进农民增收。农业综合开发实行"国家引导、配套投入、民办公助、滚动开发"的投入机制。②支持农田水利基础设施建设政策。农田水利设施的好坏，直接影响农业生产和农民的收益。自实行家庭联产承包责任制后，水利事业存在"重大轻小"现象，水利建设的重点集中在大江大河的治理上，而在农田水利设施的建设上，重视不够、投入不足、状况严重，成了这一问题的短板。为解决小型农田水利基础设施薄弱的现状，中央财政以"民办公助"的形式开展小型农田水利工程建设。③支持农业科技创新和推广政策。从2005年起，组织开展科技入户工程，构建"科技人员直接到户、良种良法直接到田、技术要领直接到人"的科技成果转化应用新机制。2006年，增加新型农民科技培训项目，重点对从事农业生产经营的专业农民以及种养能手、科技带头人等开展培训。2012年中央一号文件突出强调加快农业科技创新，把推进农业科技创新作为"三农"工作的重点和发展现代农业的根本支撑，出台了一系列含金量高、打基础、管长远的政策措施。

（4）支持农业防灾减灾政策。此类政策包括动植物重大疫情防控的补助、支持救灾和恢复生产以及建立农业风险防范机制等。做好农业防灾减灾工作，对保护人民群众生命财产安全，促进农业农村经济健康稳定发展具有十分重要的意义。

（5）加强农业生态环境保护政策。近年来，中国先后实施了天然林资源保护工程、退耕还林工程、"三北"和长江中下游地区等重点防护林建设工程、环北京地区防沙治沙工程、野生动植物保护及自然保护区建设工程、重点地区速生丰产用材林基地建设工程等重点过程。中国近10年已投入近万亿元用于生态建设和环境保护。农业生态环境保护的加强，对中国农业可持续发展发挥了积极的作用。

（6）支持现代农业发展政策。从2005年开始安排专项资金，支持各地发展优势特色产业。从2008年起，中央设立现代农业发展专项资金，财政部重点支持优势主导产业基础建设、农模化标准化生产、先进适用农业技术推广应用、农业产业化经营方面，显示了财政支持农业的新取向。

2. 支持新农村建设的财政政策

2006年中央提出社会主义新农村建设，各级财政通过加大农村基础设施建设、农村义务教育、农村公共卫生和农村社会保障投入等，使社会主义新农村建设迈出坚实的步伐。

（1）加大农村基础设施投入。农村基础设施主要包括农村大宗农产品商品基地建设、乡村道路建设、农村电网改造、农村沼气、人畜饮水设施等。有关资料显示，农业基本建设投资已从2002年的56.4亿元增长到2012年的267.86亿元，10年间实现连年递增，占中央基本建设投资总规模的比重也从3.1%上升到了7%。

（2）支持农村危房改造。在加快社会主义新农村建设中，对农村危房改造各级财政给予了大力支持，首先在全国启动试点，2009年中央农村工作会议明确提出，2010年推进农村公共事业发展中一项主要工作就是支持农村住房建设。

（3）促进农村义务教育发展政策。此类政策包括加大投入力度、创新体制和机制及实施促进农村义务教育事业发展的多项工程3个方面。出台了"两免一补"（即免学杂费、免书本费、补助寄宿生生活费）政策，建立了保障农村义务教育发展的长效机制。到2006年，全部免除农村义务教育阶段学生的学杂费、书本费和寄宿生生活费。

（4）加大农村医疗卫生投入。①支持建立健全农村基本医疗保障体系。具体包括建立新型农村合作医疗制度、建立农村医疗救助制度以及建立农村儿童大病医疗保险制度。②支持建立农村公共卫生体系。为使广大农民在基层能够享受到方便及时的卫生医疗服务，各级财政部门大力支持农村公共卫生体系建设。具体包括加强农村医疗卫生服务体系建设、制定和实施农村基层卫生人才培养规划以及开展城市支援农村卫生工作。

（5）加大农村社会保障投入。具体包括建立农村最低生活保障制度、完善农村五保供养制度以及建立新型农村社会养老保险制度。

3. 促进农民增收的财政政策

在促进农民增收方面，财政政策的主要精神是"多予少取"，一方面增加农民的投入，另一方面减少农民的支出。

（1）落实粮食最低收购价政策。为保护农民利益、保障粮食市场供应，从 2004 年起，国务院决定对短缺的重点粮食品种在粮食主产区实行最低收购价格。市场粮价低于国家确定的最低收购价时，国家委托符合一定资质条件的粮食企业，按国家确定的最低收购价收购农民的粮食。

（2）对农民实施各种技术培训。一是做好农村劳动力技能就业计划、阳光工程、农村劳动力转移培训计划、星火科技培训、雨露计划等培训项目的实施工作。二是开展新型职业农民培训政策和农村实用人才培训政策。三是对青年农民工开展劳动预备制培训，在中等职业学校开展面向返乡农民工的职业教育培训。

（3）支持农村扶贫开发。扶贫是增加农民收入的重要途径之一，主要是采取支持贫困地区改善生产生活条件，采取开发性扶贫、科技扶贫、协作扶贫等措施，促进贫困地区社会经济发展；具体包括加大扶贫投入力度、开展"互助资金"试点、开展"整村推进"试点、开展民族地区扶贫试点以及实行以奖代补政策。

（4）减轻农民收费负担。在对农民"多予"的同时，采取"少取"的政策，清除对农民不合理的收费。2000—2003 年，主要取消统筹款、农村教育集资、行政事业性收费、政府性基金及集资；取消农村劳动积累工和义务工；改革村提留征收使用办法。从 2004 年开始，全面清除对农民的不合理收费，目前专门面向农民征收的税费基本没有了。

（5）减少农民税收负担。2004 年取消除烟叶以外的农业特产税，农业税税率从 7% 降低到 5%，全国减征农业税 30 亿元，中央财政补助 15 亿元；税费改革减轻农民负担 301 亿元；2005 年在全国取消牧业税，减轻牧民负担 1.6 亿元；2006 年废除屠宰税和农业税，农民每年上缴的几百亿元农业税彻底取消。

（6）对农民实行各种优惠政策。从 2007 年开始实行家电下乡，补贴资金由中央财政负担 8%，地方财政负担 20%，2009 年中央财政安排资金 200 亿元，农民得到了很大的实惠。

综上分析，国家财政支农政策的内容是非常丰富的。经过多年的调整完善，目前一个适应社会主义市场经济体制和农业农村发展形势的，以支持粮食生产，促进农民增收，加强生态建设，推进农村改革，加快农村教育、卫生、文化发展等政策为主要内容的财政支持"三农"政策框架体系已基本建立。

第三节　农业金融政策

农业金融政策是国家经济政策、国家信贷政策的重要组成部分，而农业金融是支持、服务农业和农村经济发展的重要力量。农村金融体系是指一切为农村经济服务的金融制度、金融机构、金融工具及金融活动的总称。其健康运行必须能够满足农村经济主体的正常金融需求、能够促进农村经济的持续发展和农民收入的稳定增长以及能够维护国民经济的平稳、有序运转。

一、中国农村金融组织体系

（一）我国农村金融组织体系的构成

我国农村金融组织体系包括政策性银行、商业性银行、非银行金融机构和新型农村金融机构四大部分。其中，政策性银行包括中国农业发展银行和国家开发银行（农村部分）；商业性银行包括中国农业银行、农村信用合作社；非银行金融机构包括中国农村发展信托投资公司、中国经济开发信托投资公司（农村部分）以及各个农业保险公司；新型农村金融机构包括村镇银行、贷款公司和资金互助社等，见下图。农村金融政策主要通过对这些组织的行为影响和调节来加以实现。

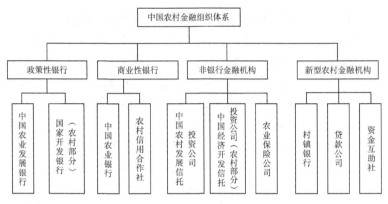

图　中国农村金融组织体系构成

（二）主要的金融机构简介

1. 中国农业发展银行

中国农业发展银行是直属国务院领导的国有政策性银行，也是我国唯一的农业政策性银行，于 1994 年 11 月正式挂牌成立，总部位于北京市西城区月坛北街甲 2 号。到 1997 年 3 月末，形成了比较健全的机构体系。其主要职责是按照国家的法律、法规和方针、政策，以国家信用为基础，筹集资金，承担国家规定的农业政策性金融业务，代理财政支农资金的拨付，为农业和农村经济发展服务。

2004 年以来，中国农业发展银行业务范围逐步拓展。第一，拓展了传统贷款业务的支持对象，由原来的国有粮、棉、油购销企业扩大到各种所有制的粮、棉、油购销企业。第二，开办农业产业化龙头企业和加工企业的贷款业务。第三，扩大贷款业务范围。目前，中国农业发展银行已形成了以粮、棉、油收购信贷为主体，以农业产业化信贷为一翼，以农业和农村中长期信贷为另一翼的"一体两翼"业务发展格局。

2. 中国农业银行

中国农业银行是国际化公众持股的大型上市银行，是中国四大银行之一。最初成立于1951年，是将原来的中国农民银行和合作银行合并的农业合作银行，是新中国成立后的第一家国有商业银行，也是中国金融体系的重要组成部分，1952年农业合作银行被并入中国人民银行，现今的中国农业银行是1979年2月才恢复成立的，总行设在北京。2009年，中国农业银行由国有独资商业银行整体改制为现代化股份制商业银行，并在2010年完成"A+H"两地上市，总市值列全球上市银行第五位。其主要职责是按照国家的法律、法规和方针、政策，以国家信用为基础，按照现代商业银行的经营机制运行，综合经营商业性信贷业务，讲求经济效益，在为农村经济发展提供金融服务过程中谋求自身的发展壮大。

3. 农村信用合作社

农村信用合作社是指由中国人民银行批准设立、由社员入股组成、实行民主管理、主要为社员提供金融服务的农村合作金融机构。其宗旨是"农民在资金上互帮互助"，即农民组成农村信用合作社，社员出钱组成资本金，社员用钱可以贷款。但是这个信用合作社，从来都不是农民自愿组成的，而是官方一手操办的。最初的信用合作社，大部分出资来自国家，农民的出资只占很少部分，所以说信用合作社的产权所有人是政府。

农业合作银行是农村信用合作社进行改革的模式之一，是由辖内农民、农村工商户、企业法人和其他经济组织入股组成的股份合作制社区性地方金融机构。其主要任务是为农民、农业和农村经济发展提供金融服务。我国第一个农业合作银行于2003年4月建立，即宁波鄞州农村合作银行。

农村商业银行是农村信用合作社进行改革的又一模式，在经济比较发达、城乡一体化程度较高的地区，对农村信用合作社实行股份制改造，组建农村商业银行。

2004年8月13日，江苏吴江农村商业银行成立。这是深化农信社改革试点启动后成立的第一家农村商业银行，也是全国第一家农村商业银行。目前，农村商业银行遍及全国27个省、市、自治区。

4. 新型农村金融机构

新型农村金融机构是农村金融体系改革的新创举。考虑到增量改革对重建农村金融组织体系的重要性，银监会2006年12月决定放宽农村地区银行业金融机构准入门槛，发展村镇银行、贷款公司、资金互助社三类新型农村金融机构。

2007年3月1日，四川省仪陇县诞生了我国首家村镇银行，吉林省东丰和磐石的两家村镇银行也正式开业。首批村镇银行的开业，标志着我国农村金融服务体系中又增添了一支新的生力军，一个投资多元、种类多样、覆盖全面、治理灵活、服务高效的新型农村银行业金融服务体系正在逐步建立，也标志着农村金融在支持社会主义新农村建设中迈出了新的步伐。

二、农业金融政策的内容

（一）政策性金融、商业性金融和合作性金融共同发展的政策体系

进入21世纪以来，伴随着农村金融改革进程，尤其是近年启动了调整放宽农村地区金融机构准入试点以后，我国农业金融形成了政策性金融机构、商业性金融机构、合作性金融机构和其他金融组织共同发展的农村金融政策体系。目前，农村商业性金融机构主要包括中国农业银行、农村商业银行、村镇银行、邮政储蓄以及商业性保险公司等。农村合作性金融机构主要包括农村合作银行、农村合作信用社、农村资金互助组织等。其他金融机构主要包括贷款公司、小额信贷机构、民间金融形式等。

（二）农村信用贷款政策

根据农村经济发展的实际需要，中国银监会突破了所有贷款必须实施担保、抵押的规定，对农户和农村中小企业实行信用贷款，并放宽了信用贷款额度。在发达地区，信用贷款额度可提高到 10 万~20 万元；欠发达地区可提高到 1 万~5 万元；其他地区在此范围内视情况而定。2008 年，中国银监会不仅提出对小企业可发放信用贷款，而且扩大了抵押物范围，房产、商铺、知识产权、仓单、应收账款和存货均可抵押、质押。

（三）农村金融担保政策

近几年来，为了缓解农村金融担保不足的矛盾，我国一些地方开始探索建立政府支持、企业和银行多方参与的针对农户和农村中小企业的多种抵押贷款担保组织和基金，解决贷款难的问题。例如，吉林省政府与农业银行建立了"贷款中心+担保公司+合作经济组织+养殖户"的良性资金循环链条，为吉林省的畜牧业发展提供了信贷资金支持。四川省资阳市探索的"六方合作+保险"是金融机构、担保公司、饲料企业、种畜场、肉食品加工企业、协会农户六方互动发展，农业保险全程保障的现代畜牧产业组织体系，将金融、担保和保险有机联系起来。

（四）农业政策性保险

在农业政策性保险方面实施的政策主要包括保费补贴分级负担；增加农业保险品种；开展设施农业保费补贴试点，对发展设施农业的农民给予保费补贴；探索开展农机具、渔业保险；加大对中西部地区、生产大县农业保险保费补贴力度，适当提高部分险种的保费补贴比例；推进建立财政支持的农业保险大灾风险分散机制。

三、中国农业金融政策的完善

（一）进一步健全农村金融组织体系

健全农村金融组织体系就是要建立以合作金融为基础，政策性金融为重要保障，商业性金融、新型农村合作性金融等为补充的多层次的农村金融服务体系。金融体系内各个机构和组织要分工合理、互为补充，并充分发挥其作用。

农村金融需求具有层次性特点。农村金融需求的主体是农户和农村企业。不同层次的信贷需求在信贷承受能力方面明显不同。见效快、回报率高的种养殖项目、具有一定规模的企业、成熟型的龙头企业，承贷能力较高，也具有较强的融资能力，信贷需求可通过商业信贷方式满足。一般的种养殖农户和从事农副产品加工及服务的市场化经营的农户、一般的生活信贷需求可通过农村信用合作社、农村新型合作性金融组织的小额贷款、商业性贷款市场满足。贫困农户、一般的种植业生产者、微小型企业及发育初期的龙头企业承贷能力低，而且在信贷市场上获得信贷资金的能力差，需要政策性金融扶持。

2014年中央一号文件指出，发展新型农村合作金融组织。强调把建立多层次的农村金融服务体系作为农村金融改革的基本目标。在多层次的农村金融体系中，合作性金融是基础，政策性金融是保障，商业性金融是补充。

（二）逐步强化政策性、商业性金融机构的支农责任

政策性金融是在本国政府的支持下，以国家信用为基础，对符合相应规定的行业、领域，提供优惠性信贷服务，以配合国家实行特定的经济和社会发展政策而进行的一种特殊金融形式。政策性金融与商业性金融相比，不以营利为主要目的，但要实现保本或微利运行。农业发展需要建立完善的政策性金融支持体系，各类金融机构都应当积极支持农村改革发展。

商业性金融是现代金融体系的主体，在现代经济发展中起着非常重要的作用。然而由于缺少必要的激励机制，商业性金

融在农村金融服务中未能发挥应有的作用，反而成为农村资金外流的主要渠道。充分发挥商业性金融支农的积极作用，是完善金融支农体系的必然要求。提高商业性金融支农的资金比例，重点向农产品优势产区和粮棉主产区倾斜；加强商业性银行与农村信用社、新型农村金融组织的合作，有效促进商业性金融支农作用的发挥，发挥商业性金融为农业服务的作用。

（三）完善农村金融扶持政策

爱德华·S. 肖曾说过："金融体制缺乏效率的问题，不可能只由金融机构和金融政策的改善而得到解决。金融体制的改革应与其他非金融政策的改革配套进行。在改革金融制度时，如不同时采取正确的国内税收刺激政策和财政政策等，仅仅改革金融制度是没什么意义的。"为增强农村金融抵御风险的能力，发挥其对农业的支持作用，应加大对农村金融，尤其是对农信社的扶持力度；给予适当的税收补贴、收入补偿、贷款利息补贴和免交存款利息税、剥离农村信用社不良资产、建立信贷担保基金等扶持政策。

（四）建立和完善农村信用环境和涉农信贷风险分担机制

第一，要完善农村信用环境。探索完善农村资信系统，建立对农户和农村企业信用评级制度，逐步建立完备的农户信用档案和客观适用的信用评定方法。建立农村地区社会化的信用服务机构，为农村金融机构提供资信评级、信用调查等诚信服务。

第二，要健全涉农贷款担保机制。探索建立政府扶持、企业和银行多方参与、市场运作的农村信贷担保机制。建立不同所有制形式的贷款抵押担保公司，允许多种所有制形式的担保机构并存。政府出资的各类信用担保机构应拓展符合农户分散、规模小特点的担保业务；经济条件好的地方可设立农业担保机构；现有商业性担保机构也应逐步开展农村担保业务。

（五）不断创新金融产品和服务

第一，要不断探索创新服务。当前，从根本上解决制约农村金融发展的担保难、农村资金外流、农村信贷资金的非农化、农村信贷服务的垄断、信贷供给不足问题，迫切需要进一步解放思想，实现重大的体制与金融创新。第二，要不断探索创新产品。近年来，中央政府不断加大政策力度支持发展小额贷款，鼓励金融机构开发多样化的小额信贷产品，努力满足农民的小额信贷需求。

（六）完善农业保险政策

自 2007 年国家开展农业保费补贴试点以来，农业保险的投入不断加大，品种不断增加、范围不断扩大，为有效化解农业灾害风险发挥了积极作用。完善农业保险政策，首先，要积极扩大农业保险保费补贴的品种和范围。其次，以发展现代农业为重点，积极开展农机保险；以服务"三农"为重点，积极开展农房、小额保险等涉农保险业务，为农业生产和农民生活提供更有效的保障。最后，逐步健全政策性农业保险制度，建立农业再保险体系和财政支持的巨灾风险分散机制，为粮食生产稳定发展和保障粮食安全奠定基础。

四、金融服务农业有关政策

（一）金融服务"三农"+发展

为积极顺应农业适度规模经营、城乡一体化发展等新情况、新趋势、新要求，进一步提升农村金融服务的能力和水平，实现农村金融与"三农"的共赢发展，2014 年 4 月 20 日国务院办公厅下发《关于金融服务"三农"发展的若干意见》，提出深化农村金融体制机制改革、大力发展农村普惠金融、引导加大涉农资金投放、创新农村金融产品和服务方式、加大对重点领域的金融支持、拓展农业保险的广度和深度、稳步培育发展农村资本市场、完善农村金融基础设施、加大对"三农"金融服务的政策支持 9 个方面的 35 条措施。

（二）金融支持和服务现代农业发展

为切实推动贯彻落实金融服务"三农"发展的各项要求，完善强农惠农富农政策体系，全面提升金融支农能力和水平，2014 年 8 月 1 日农业部下发《关于推动金融支持和服务现代农业发展的通知》，提出金融支农要围绕保生产、促增收，以解决农业生产"贷款难、贷款贵"为着力点，以财政促进金融为切入点，不断提高现代农业建设的金融保障水平。

（三）金融支持农业规模化生产和集约化经营

为适应农业生产方式的新变化，引导农村金融机构优化资源配置，持续加大对农业规模化生产和集约化经营的金融支持，切实保障国家粮食安全和主要农产品供给，促进农业增效和农民增收，2014 年 7 月 31 日中国银监会、农业部联合下发《关于金融支持农业规模化生产和集约化经营的指导意见》，要求发挥金融机构各自比较优势，为农业规模化生产和集约化经营提供多元化、全方位的金融服务。银行业金融机构要适应农业规模化生产和集约化经营服务需要，优化组织架构，调整信贷结构，创新产品服务，强化激励考核，确保涉农信贷投放持续增长。银行业金融机构要主动适应现代农业发展要求，积极支持农业生产方式转变和农业经营方式创新，持续加大对农业规模化生产和集约化经营重点领域的支持力度，有效促进农业综合生产能力提升。

（四）邮政储蓄资金支持现代农业示范区建设

为发挥示范区引领农村金融创新的作用，推动邮政储蓄银行加大示范区建设支持力度、创新服务"三农"模式，2014 年 9 月 22 日农业部、中国邮政储蓄银行联合下发《关于邮政储蓄资金支持现代农业示范区建设的意见》，力争到 2020 年，邮政储蓄银行对国家现代农业示范区的涉农贷款余额达到 2 000 亿元，将家庭农场、专业大户、农民合作社、农业产业化龙头企业等新型农业经营主体作为重点支持对象，将发展高效生态农业产业基地作为重点支持方向，以产业链中的龙头企业为中心，促进农业产加销、贸工农一体化发展。

（五）"两权"抵押贷款

为进一步深化农村金融改革创新，加大对"三农"的金融支持力度，引导农村土地经营权有序流转，慎重稳妥推进农民住房财产权抵押、担保、转让试点，2015年8月10日国务院印发《关于开展农村承包土地的经营权和农民住房财产权抵押贷款试点的指导意见》，开展农村承包土地的经营权和农民住房财产权（统称"两权"）抵押贷款，赋予"两权"抵押融资功能，维护好、实现好、发展好农民土地权益，落实"两权"抵押融资功能，盘活农民土地用益物权的财产属性。

第四节 改革中的农村信用社

农村信用社作为农村金融的重要组成部分，在我国金融体系中的位置和作用是无可替代的，是农村金融体制改革的客观要求，是新农村建设重要的金融动力，是农村经济可持续发展的客观需求，为"三农"和农村经济、社会的全面发展进步有效地提供金融支持和服务，对我国农村经济的发展和社会的稳定具有重要作用。本节我们会了解农村信用社的发展变化过程，掌握农村信用社提供的产品服务种类以及申请方法。

案例分析

"春天行动"惠泽民生

2015年入春以来，贵州省遵义市农村信用社14家行社积极开展"贵州农信·春天行动"，以开办"金融夜校"、院坝会、给返乡农民工拜早年、外出千里大走访、搭建零距离服务平台等形式服务"三农"，优先满足"三农"所需化肥、农药、种子、农机具等方面的信贷资金，对需求旺盛的种植养殖大户、经营大户优先办理，广泛做好春耕备耕金融服务，助农、惠农、富农。

3 年来，家住务川仡佬族苗族自治县涪洋镇前进村的陈建忠一家，在农村信用社的帮助下，累计无抵押贷款（信用贷款）30 万元，白手起家养牛育肥赚钱。2015 年，陈建忠家每年出栏肥牛 50 多头，每头肥牛能卖 1.2 万元，除去成本，每头牛可纯赚 3 000 多元，一年下来，全家可收入 15 万元。对于边远的贫困山村来说，陈建忠一家算是过上了富裕的日子。

◆ 思考

1. 您是否去过农村信用社？

2. 农村信用社帮您解决过哪些问题？

农村信用社提供多样化的业务活动和全方位的金融服务，能够稳定社区的货币流通秩序，控制和消除社区内的不法金融及高利贷行为。农村信用社究竟为农户提供哪些服务？如何申请这些服务？对农民来说，了解农村信用社的性质，掌握农村信用社的产品、服务以及申请方式非常有必要。

一、农村信用社的信贷产品

农村信用合作社（农村信用社、农信社）指经中国人民银行批准设立、由社员入股组成、实行民主管理、主要为社员提供金融服务的农村合作金融机构。

农村信用社是中国金融体系的重要组成部分，主要任务是筹集农村闲散资金，为农业、农民和农村经济发展提供金融服务。同时，组织和调节农村基金，支持农业生产和农村综合发展，支持各种形式的合作经济和社员家庭经济，限制和打击高利贷。

农村信用社的经营范围为办理存款、贷款，票据贴现，国内外结算业务；办理个人储蓄业务；代理其他银行的金融业务；买卖政府债券；代理发行，代理兑付，承销政府债券；提供保险箱服务；代理收付款项及受托代办保险业务；办理经中国人民银行批准的其他业务。

上述业务与农户日常生活、农业生产活动息息相关的是个人储蓄和贷款业务，也就是农村信用社的信贷产品与储蓄产品。

（一）个人贷款业务

1. 农户小额信用贷款

农户小额信用贷款是指农村信用社基于农户的信誉和资产等情况，在核定的授信额度内向农户发放的不需要担保的贷款。

（1）业务特点。采取"一次核定、随用随贷、余额控制、周转使用"的授信管理方式，期限1~2年。

（2）适用对象。具有农业户口，主要从事种植、养殖或其他与农村经济发展有关的生产经营活动的农户、个体经营户、私营企业主等。

（3）使用范围。贷款仅用于农户日常生产经营等资金。

2. 农户联保贷款

农户联保贷款是指在农村信用社服务区域内有固定住所、经济独立的，一般不少于5户农户在自愿基础上组成联保小组，并经农村信用社核准后，由农村信用社向联保小组成员发放的贷款。

业务特点：①由符合贷款基本条件且相互间没有直系亲属关系的5户以上、10户以下若干农户，在自愿的基础上组成联保小组，对提供的贷款由该小组成员之间承担连带保证责任。②贷款额度根据借款人年收入（销售）、净资产、净利润分档确定，一般不超过50万元。

3. 信用共同体贷款

信用共同体是指农村信用社与产业经营户、政府、行业协会、中介机构等利益相关者形成互动，产业经营户之间形成"责权对等、相互信任、利益共享、风险共担"的联保体，政府、行业协会、中介机构对产业经营户进行扶持、指导、协调、服务，农村信用社对产业经营户提供信贷支持的信用体系。信用共同体贷款是指农村信用社对信用共同体中的业经营户发放的，并由产业经营户联保体承担连带责任的贷款。

（1）业务特点。①用信方式。产业经营户在确定的授信额度和期限内，按照"余额控制、循环使用、随用随贷、到期清偿"原则用信。②贷款用途。主要用于产业经营户流动资金，也可用于设备购置及技术改造。③贷款期限。根据产业经营户的生产经营周期确定，最长不超过授信期限。一般来说，贷款期限（含展期）不超过3年。

（2）信用共同体成员义务。自愿接受农村信用社和行业管理组织的监督，在农村信用社开立结算账户，按约定用途使用贷款，到期主动还本付息，并以联保基金和自有资产作贷款担保，承担联保体所有成员贷款本息的清偿责任。在出现贷款风险时，履行连带保证责任，积极配合农村信用社采取互助、联保基金扣划、资产处置变现等措施清偿贷款本息。

4. 个人抵押贷款

抵押贷款是抵押贷款人按《中华人民共和国担保法》（以下简称《担保法》）规定的抵押方式以借款人或第三人的财产作为抵押物发放的贷款。在抵押权存续期间，抵押人不转移对抵押物的占有，借款人到期不能偿还贷款本息的，贷款人有权依法处理其抵押物。农村信用社抵押贷款按客户提供的抵押物不同分为房地产抵押贷款、果园抵押贷款、林权抵押贷款、机器设备抵押贷款等。

业务特点：①贷款期限。根据借款用途等实际情况合理确定贷款期限，最长不得超过5年。发放中长期贷款要制订切实可行的分期还款计划。②贷款额度。一般按评估价值的60%（含）以内由农村信用社自主确定贷款额度。

5. 个人质押贷款

质押贷款是指贷款人按《担保法》规定的质押方式以借款

人或第三人的动产或权利为质押物发放的贷款。抵押与质押的区别：①抵押的标的物通常为不动产、特别动产（车、船等），质押以动产（如机器设备、股票）为主。②抵押要登记才生效，质押只需占有就可以。③抵押只有单纯的担保效力，质押中质权人既支配质物，又能体现留置效力。④抵押权的实现主要通过向法院申请拍卖，质押则多直接变卖。

（1）业务特点。贷款期限一般以存货的周转天数为限，最长不超过 6 个月，利率原则上按贷款基准利率的 1.2~1.5 倍执行，贷款额度不超过质押物总金额的 60%。

（2）适用对象。登记注册地在农村信用社服务辖区内的经工商管理部门批准的企业法人和个体工商户。

6. 个人消费贷款

个人消费贷款是指信用社向借款人发放的用于购物消费的贷款。主要向用于购买住房、购车、住房装修及其他消费需求的自然人发放。

（1）适用对象。有稳定收入来源的个体工商户、居民、农户等。

（2）产品特点。额度灵活，根据消费物品价格确定；贷款期限最长可达 3 年；贷款效率快，一般两天之内即可办妥。

（二）企业贷款业务

1. 中小企业联保贷款

中小企业联保贷款是指由符合条件且无关联关系的 5 家以上的中小企业自愿组成一个联保小组并签订联保协议，小组成员既是借款人又是联保人，任一成员不能按约定偿还贷款时由联保小组其他成员承担连带偿还责任的贷款。

（1）适用对象。中小型企业。

（2）产品功能。小企业联保贷款的基本原则是"企业申请、一次核定、余额控制、按期还款、周转使用、多家联保、责任连带"。其功能是拓宽小企业融资渠道，缓解小企业融资担保难的矛盾。

（3）产品特点。①灵活期限管理。结合小企业贷款"少、频、快"的特点，采取循环贷款方式，主合同期限最长可达3年，在主合同期内，企业可根据自身生产经营周期的资金需求灵活确定子合同贷款期限。②灵活利率定价。对符合中小企业联保贷款的实行利率优惠，利率定价低于企业保证贷款。③联合体的组建遵循自愿原则。

2. 社团贷款

社团贷款是指两家及两家以上具有法人资格、经营贷款业务的农村合作银行、县（市、区）联社，采用同一贷款合同，共同向同一借款人发放的贷款。按照《农村合作金融机构社团贷款指引》规定，社团贷款最长期限原则上不超过5年。

（1）业务特点。有利于借款人扩大知名度，贷款金额较大，贷款期限较长，贷款风险较小。

（2）适用对象。符合信用社贷款条件、信用良好、财务正常、有持续发展前景、大客户评定信用等级原则上在 AA 级以上、单一县级联社不能满足其合理贷款需求的企业。

3. 企业综合授信贷款

企业综合授信贷款是指农村信用社应客户申请在对中小企业的风险和财务状况进行综合评价的基础上，根据客户信用等级核定最高综合授信额度，与客户签订授信协议，使客户在一定时期和核定额度内，能够便捷地使用贷款。

产品特点：企业在授信期限、授信额度内，可根据自身需求随用随贷，余额控制、循环周转使用。节省客户与银行合作的成本。

二、农村信用社的存款业务

（一）个人存款业务

1. 活期储蓄存款

是一种无固定期、开户后可随时存取、十分灵活的储蓄存款品种，适用于个人日常生活中暂时不用和其他短期内待用资金的存储。

个人结算户存款是个人活期存款账户的一种，不仅包含一般储蓄账户的功能，还具有资金支付结算功能，具有异地汇兑等便利。

2. 整存整取定期储蓄存款

是一种开户时约定存期、一次存入、到期支取本息的储蓄存款品种。整存整取定期储蓄数字明确，利于计划实施。适宜于个人较长时间闲置资金的存储。如买农机具、供子女上学、攒钱买房、防病养老等。

3. 零存整取定期储蓄存款

是一种开户时约定存期、固定存额、每月存入一次、到期一次支取本息的储蓄存款品种。零存整取定期储蓄适合农村中多数在外打工的中青年人、每月有较固定收入来源者。

4. 存本取息定期储蓄存款

是一种开户时约定存期、本金一次存入、按约定期限分次支取利息、到期一次支取本金的储蓄存款品种。存本取息定期储蓄适合于退休回农村有养老金和抚恤金的老人，可以定期得到一笔较为固定的利息收入，有利于安排好家庭生活。

5. 定活两便储蓄存款

是一种不确定存期、可以随时支取、利率按实际存期确定、介于活期存款和定期存款之间的储蓄存款品种。定活两便储蓄，灵活机动，收益颇丰。既有活期储蓄的灵活方便，又达到一定存期享受比活期储蓄高的利息。适合有部分资金难以掌握用途时选用，既可在用钱时随时支取，又可在不用钱时获得较多利息。

6. 教育储蓄

以在校读书小孩名义存款的一种储蓄品种，享受免所得税的优惠政策。教育储蓄积少成多，适合为子女积累学费、培养理财习惯。

（二）单位存款业务

1. 单位活期存款

是在开户时不约定存款期限、可以随时存取、按规定的存款利率计付利息的一种存款品种。账户选择有基本存款账户、一般存款账户、专用存款账户、临时存款账户。

2. 单位通知存款

是一种在开户时不约定存期、本金一次存入、支取时需提前通知农村信用社营业网点、约定取款日期及金额，按实际存期和规定的利率计付利息，利随本清的一种定期类存款品种。

3. 单位协定存款

是单位与开户行社签订存款合同，双方约定期限、商定结算账户需保留的基本存款额度，超过基本存款额度的资金转入协定户，协定户下的存款享受协议优惠利率的一种存款。

4. 单位协议存款

是单位与农村信用社（合作银行）签订协议，在农村信用社（合作银行）存入的金额大、期限长的一种定期存款品种。

三、如何通过农村信用社获得资金

农村信用社所属地区不同、贷款的种类不一样，相应的程序和手续也有所不同，信用贷款、质押贷款和抵押贷款的程序、手续都略有区别，但基本程序大致一样。

（一）申请贷款的条件

1. 农户

①居住在农村信用社服务区域内。②具有完全民事行为能力。③未涉及经济纠纷，信誉良好，无不良信用记录。④从事的产业具有一定规模且前景良好。⑤有稳定收入来源，具备清

偿贷款本息的能力。⑥在农村信用社开立个人结算账户。

2. 个体商户

①经工商行政管理部门批准登记注册，以自购商铺为固定经营场所，或虽无自有商铺但与有关业主形成了稳固的长期租赁关系的商户；②资信良好，无不良记录，未涉及经济纠纷。③从事产业符合国家产业政策。④有合法可靠的经济来源，具有清偿贷款本息的能力。⑤在农村信用社开立了基本账户（或个人结算账户），自愿接受农村信用社监督，能够如实向农村信用社提供有关经营活动的情况。

3. 企业

①经工商行政管理部门核准登记注册，具有独立法人资格。②企业之间相互了解信任、规模实力相当。③企业具有完善的管理规章制度和规范的财务核算基础。④产权明晰，已开业并正常经营 6 个月以上，经济效益良好，资产负债率低于 60%，偿债能力较强。⑤企业及股东、高层管理人员近 3 年内没有不良信用记录。⑥重合同、讲诚信、有良好的商誉，无不良信用记录。⑦原则上在所辖农村信用社开立了基本结算账户。⑧从事产业符合国家产业政策和相关法律法规，特殊行业的应有特殊行业许可证。

（二）农村信用社的贷款程序

1. 受理阶段

借款人需要使用信贷业务，可向农合机构的营业点或网上银行提出申请，借款人在申请贷款时，应当填写包括借款金额、借款用途、偿还能力及还款方式等主要内容的《申请书》，并提供相关的申请资料。受理人员依据有关法律法规、规章制度及农合机构的风险管理制度审查客户的资格及其提供的申请材料，决定客户的信贷业务申请。

2. 调查评价阶段

受理完成后，进入调查评价阶段，根据客户的申请，农合机构将全面综合评价客户的资信状况，信贷业务的合法性、安全性、盈利性等情况，信贷业务的担保状况，信贷业务的风险状况等。

3. 审批发放阶段

经调查评价合格的信贷业务，审批人员依据该笔信贷业务的效益和风险进行审批。经审批同意发放的信贷业务，在落实使用条件后签订合同，客户支用该笔信贷业务。

4. 贷后管理阶段

农合机构将对客户执行合同情况、客户的经营情况进行追踪调查和检查，直到该笔信贷业务结束为止。

第五节　发展新型农村金融机构

一、金融支持农业规模化生产与集约化经营政策

加大对农业规模化生产和集约化经营的信贷投入，将各类农业规模经营主体纳入信用评定范围，建立信用档案，提高授信额度，支持农业产业化龙头企业依法通过兼并、重组、收购、控股等方式组建大型农业企业集团，合理运用银团贷款方式，满足农业规模经营主体大额资金需求。围绕地方特色农业，以核心企业为中心，捆绑上下游企业、农民合作社和农户，开发推广订单融资、动产质押、应收账款保理和产商银等多种供应链融资产品。探索以厂商、供销商担保或回购等方式，推进农用机械设备抵押贷款业务。稳妥推动开展农村土地承包经营权抵押贷款试点，探索土地经营权抵押融资业务新产品，支持农业规模经营主体通过流转土地发展适度规模经营，强化对农业规模化生产和集约化经营重点领域的支持。在产业项目方面，重点支持农业科技、现代种业、农机装备制造、设施农业、农业产业化、农产品精深加工等现代农业项目。在农业基础设施方面，重点支持耕地整理、农田水利、商品粮棉生产基地和农村民生工程建设。在农产品流通领域，重点支持批发市场、零

售市场和仓储物流设施建设。

二、村镇银行

村镇银行是指经中国银行业监督管理委员会依据有关法律、法规批准，由境内外金融机构、境内非金融机构企业法人、境内自然人出资，在农村地区设立的主要为当地农民、农业和农村经济发展提供金融服务的银行业金融机构。

2012 年 3 月 28 日，国务院常务会议决定设立温州市金融综合改革试验区，鼓励和支持民间资金参与地方金融机构改革，依法发起设立或参股村镇银行、贷款公司、农村资金互助社等新型金融组织，符合条件的小额贷款公司可改制为村镇银行。再次点燃民间资本尤其是小额贷款公司投资村镇银行的热情。

（一）村镇银行的特点

1. 地域和准入门槛

村镇银行的一个重要特点就是机构设置在县、乡镇，根据《村镇银行管理暂行规定》，在地（市）设立的村镇银行，注册资本不低于人民币 5 000 万元；在县（市）设立的村镇银行，注册资本不得低于 300 万元；在乡（镇）设立的村镇银行，注册资本不得低于 100 万元。

2. 市场定位

村镇银行的市场定位主要在两个方面：一是满足农户的小额贷款需求，二是服务当地中小型企业。为有效满足当地"三农"发展需要，确保村镇银行服务"三农"政策的贯彻实施，在《村镇银行管理暂行规定》中明确要求村镇银行不得发放异地贷款，在缴纳存款准备金后其可用资金应全部投入当地农村发展建设，然后才可将富余资金投入其他方面。

3. 治理结构

作为独立的企业法人，村镇银行根据现代企业的组织标准建立和设置组织构架，同时按照科学运行、有效治理的原则，村镇银行的管理结构是扁平化的，管理层次少、中间不易断开或时滞，决策链条短、反应速度相对较快，业务流程结构与农业产业的金融资金要求较为贴合。

4. 发起人制度和产权结构

村镇银行的创新之处"发起人制度"是指银监会规定，必须有一家符合监管条件、管理规范、经营效益好的商业银行作为主要发起银行并且单一金融机构的股东持股比例不得低于20%，此外，单一非金融机构企业法人及其关联方持股比例不得超过10%。后为了鼓励民间资本投资村镇银行，银监会于2012年5月出台《关于鼓励和引导民间资本进入银行业的实施意见》，将主发起行的最低持股比例降至15%，进一步促进了村镇银行多元化的产权结构。

（二）村镇银行经营的业务

经银监分局或所在城市银监局批准，村镇银行可经营以下业务。

①吸收公众存款。②发放短期、中期和长期贷款。③办理国内结算。④办理票据承兑与贴现。⑤从事同业拆借，从事银行卡业务。⑥代理发行、代理兑付、承销政府债券。⑦代理收付款项及代理保险业务。⑧经银行业监督管理机构批准的其他业务。

按照国家有关规定，村镇银行还可代理政策性银行、商业银行和保险公司、证券公司等金融机构的业务。

（三）村镇银行与商业银行的区别

村镇银行主要为当地农民、农业和农村经济发展提供金融服务。区别于商业银行的分支机构，村镇银行信贷措施灵活、决策快。村镇银行是独立法人机构，组织机构扁平化，且专门服务一个地区，信贷申请流程相比商业银行更加灵活、快捷。以小额信贷为例，村镇银行小额信贷往往在3天左右就可以得到贷款，如有特殊情况时间可以更短，而一般商业银行需要一周左右。

（四）申请贷款

1. 申请贷款的基本条件

①具有本地常住户口或本地有效居住身份。②有稳定、合法的收入来源，有按期偿还贷款本息的能力。③遵纪守法，品德优良，个人资信状况良好，没有不良信用记录。④能够提供村镇银行认可的担保或具备村镇银行认可的信用资格。经资格审查合格的，经办人员应向客户介绍村镇银行信贷条件及有关规定，协商具体信贷业务事宜。对不符合规定的，应婉言拒绝其申请并作出解释。

2. 客户应提交的申请材料

①所申请贷款的借款申请书。②申请人的身份证明材料，包括有效身份证件、户口簿、居住证明等。有配偶的，应同时要求申请人提交婚姻状况证明、配偶的身份证明材料。③申请人的工作单位及收入证明材料，应结合当地情况，取得能反映申请人实际还款能力的凭据，如政府机关、事业单位、知名企业等人事制度管理规范、收入水平较高的组织机构，开具的个人工资收入证明、个人所得税完税凭证、交缴公积金证明、个体业主的营业执照及纳税凭证等。④所申请的贷款要求提供担保的，还应提交担保材料。⑤村镇银行要求提供的其他材料。

3. 办理流程

（1）受理阶段。借款人需要使用信贷业务，可向村镇银行的营业点或网上银行提出申请，借款人在申请贷款时，应当填写包括借款金额、借款用途、偿还能力及还款方式等主要内容的《申请书》，并提供相关的申请资料。受理人员依据有关法律法规、规章制度及农合机构的风险管理制度审查客户的资格及其提供的申请材料，决定客户的信贷业务申请。

（2）调查评价阶段。受理完成后，进入调查评价阶段，根据客户的申请，村镇银行将全面综合评价客户的资信状况，信贷业务的合法性、安全性、盈利性等情况，信贷业务的担保状况，信贷业务的风险状况等。

（3）审批发放阶段。经调查评价合格的信贷业务，审批人员依据该笔信贷业务的效益和风险进行审批。经审批同意发放的信贷业务，在落实使用条件签订合同，客户支用该笔信贷业务。

（4）贷后管理阶段。村镇银行将对客户执行合同情况、客户的经营情况进行追踪调查和检查，直到该笔信贷业务结束为止。

三、小额信贷公司

小额贷款公司是由自然人、企业法人与其他社会组织投资设立，不吸收公众存款，经营小额贷款业务的有限责任公司或股份有限公司。与银行相比，小额贷款公司更为便捷、迅速，适合中小企业、个体工商户的资金需求；与民间借贷相比，小额贷款更加规范、贷款利息可双方协商。

（一）小额信贷公司的特征

1. 只贷不存

区别于一般的银行，小额信贷公司只能发放贷款，而不能吸收存款。资金来源只能来自有限股东（有限责任公司的不超过50名，股份有限公司的不超过200名）的自有资金、捐赠资金或单一来源的批发资金。

2. 利率放开

取消对贷款利率的管制，各家小额信贷公司可以根据自己的经营情况自行浮动小额信贷利率，但最高不能超过人民银行基准利率的4倍，最低利率不得低于基准利率的90%。假如中国人民银行将一年以内（含一年）的贷款基准利率定为5.35%，小额信贷公司同期贷款利率水平最高不得超过21.4%，最低不得低于4.815%。

3. 服务"三农"

小额信贷公司是一种服务"三农"的贷款服务组织，必须在坚持为农民、农业和农村经济发展服务的原则下选择贷款对象。

4. 区域限制

小额信贷公司只能针对所在的行政区域发放小额信贷，原则上不能跨区。

（二）小额信贷公司的优势

1. 程序简单、放贷过程快、手续简便

小额贷款公司贷款程序简单，贷款按照客户申请、受理与调查、核实抵押情况、担保情况、贷款委员会审批、签订借款合同、发放贷款、贷款本息收回等管理。一般在贷款受理之日起7天内办理完毕，比在银行贷款方便，也比较快捷，相比民间借贷，利息要低很多。

2. 还款方式灵活

按月等额还本付息、按季结息到期还本、到期一次还本付息或分两次还本付息等多种灵活的还款付息方式。

3. 营销模式灵活

小额贷款公司在风险可控下实行不评级、不授信的营销形式，打破了长期以来商业银行等正规金融机构的经营方式，具有方式简便、高效快捷的特点，有利于中小企业及时获得信贷支持，缓解中小企业及个体工商户的短期融资困难，一定程度上弥补了银行贷款和民间借贷之间的不足。

4. 小额贷款公司贷款质量高

小额贷款公司贷款质量高，是因为小额贷款公司贷出资金几乎全部是股东的自有资金，所以对贷款项目的审查就更为谨慎；由于小额贷款公司是私人经营，主要在当地放款，能充分了解借款人及用途，所以对风险控制有一定好处。

5. 小额贷款社会风险小

小额贷款公司不非法集资、不放高利贷、不用社会闲散人员收贷。其集资、放贷、收贷都有自己的执行办法，而且只贷不存，不涉及公众存款问题，社会风险小。

（三）小额信贷公司的贷款流程

1. 申请受理

借款人将小额贷款申请提交给小额贷款机构之后，由经办人员向借款人介绍小额贷款的申请条件、期限等，同时对借款人条件、资格及申请材料进行初审。

2. 再审核

经办人员根据有关规定，采取合理的手段对客户提交的材料真实性进行审核，评价申请人的还款能力和还款意愿。

3. 审批

由有权审批人根据客户的信用等级、经济情况、信用情况和保证情况，最终审批确定客户的综合授信额度和额度有效期。

4. 发放

落实放款条件之后，客户根据用款需求，随时向贷款行申请支用额度。

5. 贷后管理

小额信贷公司按照贷款管理的有关规定对借款人的收入状况、贷款的使用情况等进行监督检查，检查结果要有书面记录，并归档保存。

6. 贷款回收

根据借款合同约定的还款计划、还款日期，借款人在还款到期日，及时足额偿还本息，到此小额贷款流程结束。

不同公司小额贷款规定可能会略有不同，要求提交的资料可能也不尽相同，有些公司为了规避贷款风险都会要求贷款者满足一定的条件，如年龄条件、收入水平以及还贷能力等。

四、担保公司

担保公司是担负个人或中小企业信用担保职能的专业机构，通过有偿出借自身信用资源、防控信用风险来获取经济与社会效益。

个人或企业在向银行借款的时候，银行为了降低风险，不直接放款给个人，而是要求借款人找到第三方（担保公司或资质好的个人）为其做担保。担保公司会根据银行的要求，让借款人出具相关的资质证明进行审核，之后将审核好的资料交到银行，银行复核后放款，担保公司收取相应的服务费用。

（一）担保公司的成立条件

1. 担保公司注册需要满足的条件

①满足注册资本最低限额（实缴货币资本 500 万元人民币；从事再担保业务的融资性担保公司 1 亿元，并连续营业两年以上）。②有符合要求的经营场所。③符合法律规定的公司章程。④有熟悉金融及相关业务的管理和评估人员。

2. 申请成立时需要向公司登记机关提交的文件

①设立公司的申请报告（机构名称、注册资本金来源、经营场所、经营范围）。②公司章程。③工商行政管理部门核发的企业名称预先审核通知书。④各股东协议书。

（二）担保公司的优势

1. 门槛低

银行小额贷款的营销成本较高，小企业向银行直接申请贷款受理较难，造成小企业有融资需求时往往会向担保机构等融资机构求救，担保机构选择客户的成本比较低，从中选择优质项目推荐给合作银行，提高融资的成功率，就会降低银行小额贷款的营销成本。

2. 风险低

在贷款的风险控制方面，银行不愿在小额贷款上投放，主要因为银行此类贷款的管理成本较高，而收益并不明显，对于这类贷款，担保机构可以通过优化贷中管理流程，形成对于小额贷后管理的个性化服务，分担银行的管理成本，免去银行后顾之忧。

事后风险释放，担保机构的优势更是无可替代，银行直贷的项目出现风险，处置抵押物往往周期长，诉讼成本高，变现性不佳。担保机构的现金代偿，大大解决了银行处置难的问题，有些担保机构做到 1 个月（投资担保甚至 3 天）贷款逾期即代偿，银行不良贷款及时得到消除，之后由担保机构通过比银行更加灵活的处理手段进行风险化解。

3. 速度快

银行固有的贷款模式流程造成中小企业主大量的时间浪费；而担保公司恰恰表现出灵活多变的为不同企业设计专用的融资方案模式，大大节省了企业主的时间与精力，能迎合企业主急用资金的需求。

（三）担保公司的业务流程

1. 申请

客户提出贷款担保申请。

2. 考察

考察客户的经营情况、财务情况、抵押资产情况、纳税情况、信用情况、企业主情况，初步确定担保与否。

3. 沟通

与贷款银行沟通，进一步掌握银行提供的客户信息，明确银行拟贷款的金额和期限。

4. 担保

与客户签订担保及反担保协议，需办资产抵押及登记等法律手续，并与贷款银行签订保证合同，正式与银行、客户确立担保关系。

5. 放贷

银行在审查担保的基础上向客户发放贷款，同时向客户收取担保费用。

6. 跟踪

跟踪客户的贷款使用情况和运营情况，通过客户季度纳税、用电量、现金流的增长或减少最直接跟踪考察经营状况。

7. 提示

客户还贷前一个月预先提示，以便客户提早做好还贷准备，保证客户资金流的正常运转。

8. 解除

凭客户的银行还款单，解除抵押登记，解除与银行、客户的担保关系。

9. 记录

记录本次担保的信用情况，分为正常、不正常、逾期、坏账4个档次，为后续担保提供信用记录。

10. 归档

将与银行、客户签订的各种协议以及还贷后的凭证、解除担保的凭证等整理归档、封存，以备今后查档。

案例分析

农业担保公司支持农民创业

2006年6月，江苏省昆山市供销合作社出资成立了昆山市农业担保有限公司，注册资本1 500万元。公司由昆山市国资委委托昆山市创业控股有限公司控股，由供销合作社运作，现注册资本8 500万元。昆山市创业控股有限公司占股80%，昆山市供销合作社占股 20%。

农民创业小额贷款担保是面向全市低收入、缺少原始积累的初创业农民，特别是失地农民提供的额度较小的金融信贷服务。"初创型"最高担保额度 5 万~15 万元，扶持期 3 年，满 3 年扶持期，企业注册资本满 50 万元、年销售额达到 200 万元，可成为"成长型"企业，最高担保额度 30 万~60 万元，扶持期 3 年。由于贷款数额较小、贷款人多且分散在全市各个区镇，为方便借款人办理贷款委托担保和反担保手续，昆山市农业担保有限公司遵循"服务到区镇，服务到社区"的宗旨，采取深入农村、分批次现场集中办理的办法，约定会办时间，通知各借款人到指定地点，担保公司派人会同市、镇有关人员、当地农村商业银行业务员到场集中会审办理相关手续，简化了程序，方便了群众。

担保公司与借款人签订《委托担保保证合同》，与借款人的反担保人签订《反担保保证合同》，借款人与农村商业银行签订《保证合同》，同时填写借款借据等。担保公司在银行的《保证合同》上签字盖章，办理相关的担保手续。反担保人对象为机关事业单位的领导及工作人员等。各镇成立农民创业小额贷款风险基金，每个镇贷款风险基金额度 30 万元，全市 11 个镇（区）计 330 万元，用于农民创业失败者的小额贷款赔付。

2006—2013 年，昆山市农业担保有限公司累计完成担保业务 18.8 亿元，惠及农户 1.4 万余户。该公司还尝试参与对高效设施农业、适度规模经营农业进行担保服务，扩大农副产品平价直销店、发展镇级中型超市的担保扶持力度。扩大小额贷款担保服务面，对已扶持 6 年的创业企业继续提供金融担保支持，将符合条件的小微企业纳入扶持范围。

◆ **思考**

1. 是否可以从担保公司直接贷款？为什么？
2. 担保公司和银行是什么关系？

【思考与训练】

1. 常见的新型农村金融机构有哪些？都有什么特点？
2. 请说出各个新型农村金融机构与传统金融机构的区别。

第六节　发展农村合作金融政策

2016年，国家继续支持农民合作社和供销合作社发展农村合作金融，进一步扩大在农民合作社内部开展信用合作试点的范围，不断丰富农村地区金融机构类型。坚持社员制、封闭性原则，在不对外吸储放贷、不支付固定回报的前提下，以具备条件的农民合作社为依托，稳妥开展农民合作社内部资金互助试点，引导其向"生产经营合作+信用合作"延伸。进一步完善对新型农村合作金融组织的管理监督机制，金融监管部门负责制定农村信用合作组织业务经营规则和监管规则，地方政府切实承担监管职责和风险处置责任。鼓励地方建立风险补偿基金，有效防范金融风险。

第五章 农业保险政策

农业保险是农业生产经营的"防火墙""安全网""稳定器"和"助推器",是农民心中的"定心丸"。随着农业保险知识的普及,越来越多的农民特别是种养大户、家庭农场、合作社等新型农业经营主体对依靠农业保险化解农业风险的需求更为强烈。作为现代农业发展的重要支柱,农业保险是转嫁农业风险的重要工具,也是世界贸易组织允许的各国支持农业发展的"绿箱"政策,在保障农业发展、促进农民增收和维护农村稳定等方面所发挥的作用越来越大,日益受到各国政府的重视。

第一节 防范农业风险

农业是受灾害影响比较大的产业,一旦遇到灾害,直接影响农民生产经营的收益,老百姓通常也将农业称作"靠天吃饭"的行业。如何去认识、防范、转嫁农业风险成为促进农业健康持续发展的重要课题。农业保险作为现代农业发展的重要支柱,是帮助农民特别是专业大户、农民合作社、家庭农场等新型农业经营主体转嫁农业风险、减少灾后损失的重要手段。本节我们会认清农业风险的特点和危害,正确认识农业保险在农业生产经营中的作用,了解政策性农业保险出台的背景、承保品种、覆盖范围。

案例分析

政策性农业保险给农民"保本"

2014年7月14日,一场突如其来的冰雹袭击了山东历城、章丘等地,刚长的玉米被砸得一片狼藉。"减产是肯定的了,但我们买了农业保险，保本不成问题。"面对这场"天灾"，农户老张虽然一筹莫展，但却有些庆幸，因为他年初就给自己的玉米地买了政策性农业保险，一旦遭受自然灾害和意外事故，保险公司将进行赔付，起码种子、肥料等成本钱不会白费。除此之外，农业专家还会在第一时间对受灾农户进行技术指导，帮他们弥补损失。

农业政策性保险给农户带来实实在在的好处，农户不但不用担心遇到自然灾害后会亏本，受灾后还能享受专家手把手的指导。截至2014年7月，章丘市已有90%多的农户投了保。收入微薄的农户最关心的就是保费。目前政策性农业保险所规定的小麦、玉米、棉花等农作物保费政府按照80%的比例给予补贴，其余20%由农户自担，保险责任涵盖了雹灾、风灾等自然灾害以及大流行性病虫害。

另外，政策性农业保险赔付十分方便、快捷。受灾后，村里将受灾情况上报给保险公司，保险公司通知农业、气象等部门，组成核损理赔专家组，对受灾面积、受灾情况进行查看、核损。与此同时，农业专家第一时间来到受灾现场进行灾后补救指导。收获后，专家组再进行测产，根据受损实际情况进行赔付。理赔时间均在收获期后1个月之内：小麦最迟8月底、玉米最迟11月底、棉花最迟12月20日前。理赔资金通过一卡通账户直接支付给受灾农户，不得跨年度赔付。2013年全市政策性农业保险共投保2 950万元，而保险公司的赔付却高达7 250万元，切实保障了受损农户的基本利益。

◆ **思考**

1. 农业保险在农业生产经营中都发挥了哪些作用？

2. 您所在的地区都有哪些农业保险？

农业是易受灾害影响较大的产业，其生产经营过程在很大程度上都受外部环境和条件变化影响，并且这种影响具有不可预测性，直接影响农业的生产效率和农民的收益。作为农业生产经营者，要想不再"因灾致贫、因灾返贫"，就要明白农业生产经营中面临的风险以及化解这些风险的防范措施，了解目前国家政策性农业保险承包的品种以及农民可以选择的农业保险。因此，对农民而言，了解农业风险、熟悉保险政策是发家致富奔小康的有效保障。

一、农业风险及其防范

1. 农业风险的涵义

农业风险是在农业生产经营过程中遭受到因洪涝、干旱、疫病等灾害导致的财产损失、人身伤亡或者其他经济损失等风险损失的不确定性。这种不确定性是否会发生、什么时候发生、发生所造成的损失程度都是难以预测的，即便是可以预测也是人力所无法抗拒的。

小常识

影响中国不同地区的主要风险

东部　台风、旱灾、雨涝、病害
中部　旱灾、雨涝、病害、洪水
西部　旱灾、病害、洪水、冰雹

我国是一个农业自然灾害频发的国家，不同的区域面临的灾害状况也各不相同。总体来说，我国的农业风险主要具有种类多、范围广、区域性、季节性、风险相对集中、损失相对严重等特点。

对于农业而言，不仅风险种类远高于工业和服务业，而且由于自身的弱质性和生产过程的特殊性，对灾害的抵抗能力较弱，面临的风险损失程度也远高于工业和服务业，是典型的风险产业。

2. 农业风险的分类

（1）自然风险。指刮风下雨、旱涝冰雹、低温寡照等自然因素异常造成的灾害损失。这类损失轻则减产降质，重则颗粒无收。

（2）疫病风险。是指动植物由于遭受疾病而造成的损失，特别是养殖业的疫病风险危害性更大。

（3）市场风险。是指经济环境变化带来的农业风险，如农产品价格波动、生产资料价格上涨、利率变化、进出口贸易形势变化等。

（4）政策风险。是指由国家农业政策变化所造成的风险。如价格支持政策、产业支持政策、土地政策的变动都会给农业生产经营带来不确定性。

（5）社会风险。是指由社会条件异常带来的风险，主要包括行为风险和技术风险。

3. 农业风险的防范措施

（1）预防。针对可能引发灾害损失的风险，事前积极采取喷洒农药、注射疫苗、定期消毒等相应措施来规避或者降低损失。

（2）灾后减损措施。在发生灾害后，积极采取补救措施，开展灾后生产，争取将灾害损失降低到最小。

（3）投保农业保险。农业保险是农业生产的保护伞，通过事前投保农业保险，一旦遇到灾害损失，就可以从保险经办机构获得一部分损失补偿，有利于及时恢复农业生产。

二、农业保险政策的出台

农业保险是由保险经营机构经营，专门对农业生产者在从事农业生产过程中因遭受约定的自然灾害、意外事故和疫病所造成的经济损失承担赔偿保险金责任的保险。根据农业生产对象来分，农业保险可以分为种植业保险、养殖业保险、渔业保险和森林保险四大类；根据保障程度来分，可以分为成本保险、产量保险或者产值保险；根据是否享受扶持政策来分，可以分为政策性农业保险和商业性农业保险。其中，政策性农业保险享受国家扶持政策，是指以保险公司市场化经营为依托，政府通过保费补贴等政策扶持，对种植业、养殖业等因遭受自然灾害和意外事故造成的经济损失提供的直接物化成本保险。

1. 出台背景

为积极支持解决"三农"问题，完善农村金融服务体系，构建市场化的生产风险保障体系，提高农业灾后恢复生产的能力，增强农业经济的稳定性，2007年，中央财政选择吉林、内蒙古、新疆等6个省、自治区对玉米、水稻、大豆、棉花、小麦、能繁母猪等品种开展农业保险保费补贴试点，拉开了政策性农业保险的序幕。此后，中央财政不断增加保费补贴品种，扩大保费补贴区域，推动农业保险持续快速发展，农业保险保费补贴已经成为国家支持和保护农业发展的重要手段。2014年，农业保险实现保费收入325.7亿元，提供风险保障1.66万亿元，参保农户2.47亿户次，承保主要农作物面积突破11亿亩。

2. 政策性农业保险的品种及实施范围

随着农业保险保费补贴政策的不断完善，中央财政对政策性农业保险支持力度不断加大，补贴品种不断增多，覆盖区域不断扩大。

（1）政策性农业保险品种。目前，中央政策性农业保险范围涵盖了种植业保险、养殖业保险、森林保险三大类15个品种，分别为玉米、水稻、小麦、棉花、马铃薯、油料作物、糖料作物、青稞，能繁母猪、奶牛、育肥猪、藏系羊和牦牛，天然橡胶、森林。

（2）政策性农业保险实施范围。①种植业保险。覆盖到全国31个省、自治区、直辖市以及新疆生产建设兵团、中央直属垦区、中储粮北方公司、中国农业发展集团公司。②养殖业保险。覆盖全国31个省、自治区、直辖市以及新疆生产建设兵团。③森林保险。江西、湖南、福建、浙江、辽宁、云南、广东、四川、广西、山西、内蒙古、吉林、甘肃、青海、大连、宁波、青岛和大兴安岭林业集团公司。④天然橡胶保险。海南省。

3. 政策性农业保险的保费补贴标准

政策性农业保险的保费主要由中央、省级、市（县）级财政和农户共同分担。其中，农户自付的比例根据各地财政补贴力度不同而有所差异，而中央财政对政策性农业保险保费补贴的力度呈逐年加大趋势。具体补贴标准如下。

（1）种植业保险补贴标准。在省级财政至少补贴25%的基础上，中央财政对中西部地区的补贴比例为40%，对东部地区的补贴比例为35%，对新疆生产建设兵团、中央直属垦区、中储粮北方公司、中国农业发展集团有限公司（以下简称中央单位）的补贴比例为65%。

（2）养殖业保险补贴标准。对于能繁母猪、奶牛、育肥猪保险，在地方财政至少补贴30%的基础上，中央财政对中西部地区的补贴比例为50%，对东部地区的补贴比例为40%，对中央单位的补贴比例为80%。

（3）森林保险补贴标准。一是公益林保险补助。在地方财政至少补贴40%的基础上，中央财政补贴比例为50%，对大兴安岭林业集团公司的补贴比例为90%。二是商品林保险补助。在省级财政至少补贴25%的基础上，中央财政补贴比例为30%，对大兴安岭林业集团公司的补贴比例为55%。

（4）藏区品种保险补贴标准。在省级财政至少补贴25%的基础上，中央财政补贴比例为40%，对中国农业发展集团有限公司的补贴比例为65%。

4. 农业保险政策的功能

新时期，随着种养大户、农民合作社、家庭农场等新型农业经营主体的蓬勃兴起，土地流转速度日益加快，规模化经营程度越来愈高，农业风险也呈集聚态势，农业生产经营对农业保险转移分散风险、分摊经济损失的功能需求更加强烈。总体而言，实施农业保险政策主要有以下几个方面的重要功能。

（1）有利于减少灾害对农民生产生活的影响，稳定和保障农民收入，不断提高农民生活水平。

（2）有利于通过保险机制发挥财政支持政策的杠杆效应，使广大农民切实享受到国家惠农政策带来的效益。

（3）有利于扩大保险的覆盖面，激发农业保险产品创新，提高保险业服务农村经济社会发展的能力。

（4）有利于促进农村金融市场的培育和发展，增加金融支持农产品创新供给，为农村经济社会协调发展提供全面的金融服务。

案例分析

农业保险保单质押贷款

2013年以来，固镇县实行了农业保险保单质押贷款，农业规模经营主体可以一次性贷款百万元甚至千万元以上，解决了不少土地流转大户的资金问题。这一举措使农业保险成为现代农业发展的催化剂。截至2013年9月，该县金融机构通过农业保险保单质押方式，已累计向7户农业经营主体发放专项贷款7笔，贷款金额900多万元。

石湖乡种粮大户曹兴利于2011年在石湖乡园林场流转了2 000多亩土地，由于土地都是流转经营，贷款没有实际抵押物，每年农产品销售前的资金瓶颈让曹兴利十分头疼。

2013年，开始试行政策性农业保险保单质押贷款。曹兴利抱着试一试的心态申请，很快他通过2 000亩农业保险单得到了150万元贷款。拿到贷款，曹兴利不仅把2 000亩玉米种下地，还种植了近百亩收益高的土豆和黄梨，作为银行与农户之间的纽带，固镇县国元农业保险公司经过完整的筛选流程，提供优质的效益较好的贷款户给银行，让银行免去贷款容易还款难的顾虑。

同样从农业保险保单质押贷款政策中受益的还有任桥镇绿色家园家庭农场的王汉。2014 年年初，得知农业保险保单可以质押贷款后，王汉很快找到保险公司，保险公司的一站式办理让王汉半个月就拿到了 150 万元贷款。拿到贷款后，王汉很快建起了 300 亩设施大棚，种植精品西瓜、香瓜，比起常规种植，设施种植不仅风险低而且利润也高 2~3 倍。

◆ **思考**

1. 农业保险都有哪些作用？
2. 您需要哪种农业保险？

第二节 农业保险支持政策

目前，中央财政提供农业保险保费补贴的品种包括种植业、养殖业和森林 3 大类，共 15 个品种，覆盖了水稻、小麦、玉米等主要粮食作物以及棉花、糖料作物、畜产品等，承保的主要农作物突破 14.5 亿亩，占全国播种面积的 59%，三大主粮作物平均承保覆盖率超过 70%。各级财政对保费累计补贴达到 75%以上，其中，中央财政一般补贴 35%~50%，地方财政还对部分特色农业保险给予保费补贴，构建了"中央支持保基本，地方支持保特色"的多层次农业保险保费补贴体系。

2015 年，保监会、财政部、农业部联合下发《关于进一步完善中央财政保费补贴型农业保险产品条款拟定工作的通知》，推动中央财政保费补贴型农业保险产品创新升级，在几个方面取得了重大突破。一是扩大保险范围。要求种植业保险主险责任要涵盖暴雨、洪水、冰雹、冻灾、旱灾等自然灾害以及病虫草鼠害等。养殖业保险将疾病、疫病纳入保险范围，并规定发生高传染性疾病政府实施强制扑杀时，保险公司应对投保户进行赔偿（赔偿金额可扣除政府扑杀补贴）。二是提高保障水平。要求保险金额覆盖直接物化成本或饲养成本，鼓励开发满足新型经营主体的多层次、高保障产品。三是降低理赔门槛。要求种植业保险及能繁母猪、生猪、奶牛等按头（只）保险的大牲畜保险不得设置绝对免赔，投保农作物损失率在 80% 以上的视作全部损失，降低了赔偿门槛。四是降低保费费率。以农业大省为重点，下调保费费率，部分地区种植业保险费率降幅接近 50%。

2016 年年初，财政部出台《关于加大对产粮大县三大粮食作物农业保险支持力度的通知》，规定省级财政对产粮大县三大粮食作物农业保险保费补贴比例高于 25% 的部分，中央财政承担高出部分的 50%。政策实施后，中央财政对中西部、东部的补贴比例将由目前的 40%、35% 逐步提高至 47.5%、42.5%。

第三节　财政支持建立全国农业信贷担保体系政策

2015 年，财政部、农业部、银监会联合下发《关于财政支持建立农业信贷担保体系的指导意见》（财农〔2015〕121 号），提出力争用 3 年时间建立健全具有中国特色、覆盖全国的农业信贷担保体系框架，为农业尤其是粮食适度规模经营的新型经营主体提供信贷担保服务，切实解决农业发展中的"融资难""融资贵"问题，支持新型经营主体做大做强，促进粮食稳定发展和农业现代化建设。

全国农业信贷担保体系主要包括国家农业信贷担保联盟、省级农业信贷担保机构和市、县农业信贷担保机构。中央财政利用粮食适度规模经营资金对地方建立农业信贷担保体系提供资金支持，并在政策上给予指导。财政出资建立的农业信贷担保机构必须坚持政策性、专注性和独立性，应优先满足从事粮食适度规模经营的各类新型经营主体的需要，对新型经营主体的农业信贷担保余额不得低于总担保规模的 70%。在业务范围上，可以对新型经营主体开展粮食生产经营的信贷提供担保服务，包括基础设施、扩大和改进生产、引进新技术、市场开拓与品牌建设、土地长期租赁、流动资金等方面，还可以逐步向农业其他领域拓展，并向与农业直接相关的二三产业延伸，促进农村一二三产业融合发展。

第四节　农业保险运营

农业保险是农业生产经营的"稳定器"，是农民心中的"定心丸"。随着农业保险知识的普及，越来越多的农民特别是种养大户、家庭农场、合作社等新型农业经营主体对依靠农业保险化解农业风险的需求更为强烈。但如何选择适合自己的农业保险？该去哪家保险机构投保？发生灾害事故又该如何申请赔偿？不少农民还心存疑惑。本节我们会了解农业保险机构，熟悉农业保险投保和理赔程序。

案例分析

国内只有4家专业农业保险公司的格局即将被打破

中原农业保险股份有限公司于2014年9月10日获得保监会批筹。批复文件显示，中原农业保险由河南省农业综合开发公司、河南省中原高速公路股份有限公司、河南省豫资城乡投资发展有限公司、洛阳城市发展投资集团有限公司、周口市综合投资有限公司、安阳经济开发集团有限公司等17家公司共同发起筹建，注册资本11亿元。

在此之前，国内有4家专业农业保险公司，分别为吉林的安华农业保险股份有限公司、黑龙江的阳光农业相互保险公司、安徽的国元农业保险股份有限公司和上海的安信农业保险股份有限公司。

河南省作为农业大省，需要一家属于自己的农业保险法人机构。河南省的农业保险业务从2007年开展以来，已覆盖了全省18个地市108个县区。凡是享有中央财政补贴的包括种植业、养殖业以及林业在内的各个险种都已开展。不仅如此，河南省还有肉鸡和烟叶两个特有的险种。近几年的财政补贴政策是中央财政 40%，省财政 25%，市级财政 5%，县级财政 10%，剩下的 20% 由农户和养殖户缴纳。从 2007 年到 2014 年，全省实现保费收入 40 多亿元，呈逐年上升的发展态势。

◆ 思考

1. 目前经营农业保险的保险公司有哪些？
2. 哪些对象适合参加农业保险？

一、农业保险的经营机构

目前，经营农业保险的主要保险公司可以分为两类：一类是中国人民财产保险股份有限公司、中华联合保险控股股份有限公司、中国大地财产保险股份有限公司等综合性保险公司，农业保险品种较为丰富、覆盖范围较广；另一类是吉林的安华农业保险股份有限公司、黑龙江的阳光农业相互保险公司、安徽的国元农业保险股份有限公司、上海的安信农业保险股份有限公司等专业性农业保险公司，这些保险公司一般都是以所在省份为中心，辐射全国，开展农业保险经营。

二、农业保险的申办程序

如何选择农业保险？投保农业保险应当做哪些事前准备工作？如何进行投保？应当注意哪些问题？我们从农业保险投保前准备、投保流程、投保注意事项等方面进行详细解答。

1. 投保前的准备

在农业保险投保前，应与当地相关农业保险公司联系并充分沟通，了解相关农业保险信息，以此来选择适合自己生产经营需求的农业保险。投保前应了解的农业保险信息如下。

（1）当地经营农业保险的保险公司有哪些？各自都有哪些农业保险品种？哪种险种适合自己的生产经营情况？

（2）所需的农业保险品种投保的条件是什么？相关保费是多少？保险金额是多少？承保的风险有哪些？理赔程序是什么？

（3）所需的农业保险品种是商业性保险还是政策性保险？若是政策性农业保险？则保险保费补贴是多少？补贴比例是多少以及相关的优惠措施是什么？

（4）农业保险条款的内容是什么？尤其要了解保险标的、免责条款、双方权利义务等重要信息。

2. 投保流程

第一步，投保人向保险公司提出投保申请，并填写保单；第二步，保险公司受理保单，并对投保人等资料进行查验，查验保险标的是否符合投保条件、保险标的实际情况是否与保单填写相符等信息，确定是否承保；第三步，等保险公司确定承保后，投保人缴纳保险费；第四步，保险公司出具保险单；第五步，投保人签收保险合同。

3. 投保注意事项

（1）应当选择正规农业保险经营机构或保险业务员办理保险合同，以免上当受骗。

（2）应当仔细阅读农业保险合同，存有疑问的地方一定要及时咨询。

（3）农业保险投保完成后，应妥善保管相关单据（保险单、缴费发票、附带农业条款以及相关部门出具的防疫、健康、死亡原因等证明）。

（4）农业保险投保后，并不意味着所有灾害都能得到赔偿和所有的投入都能弥补，因此，仍然需要认真管理经营，积极采取有效措施防范风险。

三、农业保险的理赔程序小知识

农业保险理赔是指农业保险标的发生保险事故而使被保险人财产受到损失或人身生命受到损害时，或保单约定的其他保险事故出险而需要给付保险金时，保险公司根据合同规定，履行赔偿或给付责任的行为。

小提示

因被保险人故意或者重大过失未及时报案，导致保险事故的性质、原因、损失程度等难以确定，保险公司不承担赔偿责任，因此，及时报案十分重要。

1. 报案

一旦遇到灾害事故，投保农民应及时向保险公司客服或者通过村协保员、乡镇保险代理员向保险公司报案，同时保护好标的物和灾害事故现场。

2. 查勘定损

保险公司在接到投保农户报案后，应在 24 小时内组织相关人员进行现场查勘，因不可抗力或重大灾害等原因难以及时到达的，应及时与报案农户联系并说明原因。查勘结束后，保险公司应及时定损，并做到定损结果确定到户。

3. 立案

保险公司应在确认保险责任后，及时立案，并根据查勘定损情况及时调整估损金额。

4. 理赔公示

农业生产经营组织、村民委员会等组织农户投保种植业保险的，保险公司应将查勘定损结果、理赔结果在村级或农业生产经营组织公共区域进行不少于 3 天的公示。保险公司根据公示反馈结果制作分户理赔清单，列明被保险人姓名、身份证号、银行账号和赔款金额，由被保险人或其直系亲属签字确认。农户提出异议的，保险公司应进行调查核实后据实调整，并将结果反馈。

5. 核赔

保险公司对查勘报告、损失清单、查勘影像、公示材料等关键要素进行审核。

6. 赔款支付

保险公司应在与被保险人达成赔偿协议后 10 日内支付赔款。其中，农业保险合同对赔偿保险金的期限有约定的，保险公司应当按照约定履行赔偿保险金义务。

第六章 农民教育、科技与信息化政策

第一节 农民教育与培训

新型职业农民是构建新型农业经营主体的重要组成部分，是发展现代农业、推动城乡一体化发展的重要力量。大力培育新型职业农民，推进农民职业化进程，有利于农民逐渐淡出身份属性，加快农业发展方式转变，促进传统农业向现代农业转型。培育新型职业农民不仅解决了"谁来种地"的现实难题，更能解决"怎样种地"的深层问题。因此，培育新型职业农民就是培育各类新型经营主体的基本构成单元和细胞，对于加快构建集约化、专业化、组织化、社会化相结合的新型农业经营体系，将发挥重要的主体性、基础性作用。

一、新型职业农民主要类型及内涵特征

新型职业农民是指以农业为职业，具有一定的专业技能，收入主要来自农业的现代农业从业者。主要包括生产经营型、专业技能型和社会服务型职业农民。生产经营型职业农民，是指以农业为职业、占有一定的资源、具有一定的专业技能、有一定的资金投入能力、收入主要来自农业的农业劳动力，主要是专业大户、家庭农场主、农民合作社带头人等。专业技能型职业农民，是指在农民合作社、家庭农场、专业大户、农业企业等新型生产经营主体中较为稳定地从事农业劳动作业，并以此为主要收入来源，具有一定专业技能的农业劳动力，主要是农业工人、农业雇员等。社会服务型职业农民，是指在社会化服务组织中或个体直接从事农业产前、产中、产后服务，并以此为主要收入来源，具有相应服务能力的农业社会化服务人员，

主要是农村信息员、农村经纪人、农机服务人员、统防统治植保员、村级动物防疫员等农业社会化服务人员。新型职业农民必须具备"以农业为职业、占有一定的资源、具有一定的专业技能、有一定的资金投入能力、收入主要来自农业"五个基本特征。

二、新型职业农民培育政策

大力培养新型职业农民是党中央、国务院为加快农业农村发展，解决"谁来种地、怎样种好地"问题而提出的一项战略决策。为切实做好新型职业农民培育工作，农业部于2012年启动新型职业农民培育试点。该政策重点是围绕主导业对专业大户、家庭农场经营者、农民合作社带头人、农业企业经营管理人员、农业社会化服务人员和返乡农民工开展农业技能和经营能力培训，同时积极培育现代青年农场主，着力培养一支有文化、懂技术、会经营的新型职业农民队伍，为现代农业发展提供人力支撑，确保农业发展后继有人。

三、培养农村实用人才政策

农村实用人才是为农业农村经济发展提供服务、做出贡献、起到示范和带头作用的农村劳动者，是广大农民的优秀代表。在农业领域，培养农村实用人才的主要任务就是加快培育新型职业农民。该政策主要是依托培训基地举办示范培训班，开展农村实用人才带头人和大学生村官示范培训，从而带动各省区市大规模开展农村实用人才培养工作。同时实施农村实用人才培养"百万中专生"计划，提升农村实用人才学历层次；实施"全国十佳农民"资助项目，遴选10名从事种养业的优秀新型农民代表，并给予资金资助。

四、新型职业农民认定管理政策

认定工作是衔接教育培训和政策扶持的关键环节，有利于引导新型职业农民和农村实用人才接受教育培训，有利于落实新型职业农民和农村实用人才扶持政策，有利于培养和壮大新型职业农民和农村实用人才队伍。认定管理是新型职业农民培育制度体系的基础和保障，只有通过认定，才能确认新型职业农民，才能扶持新型职业农民。为深入推进新型职业农民和农村实用人才队伍建设，加快完善教育培训、认定管理、政策扶持"三位一体"工作制度，2015年6月12日农业部下发《关于统筹开展新型职业农民和农村实用人才认定工作的通知》，决定在全国统筹开展新型职业农民和农村实用人才认定工作。根据统筹开展认定工作需要，将农村实用人才调整为新型职业农民、技能带动型和社会服务型三类，同时将新型职业农民调整为生产经营型、专业技能型和专业服务型三类。

（一）农民自愿

认定充分尊重农民意愿，着力通过政策吸引和宣传引导，调动农民的积极性和主动性，不得强制和限制农民参加认定。

（二）突出重点

坚持把新型职业农民作为农村实用人才认定的重点，把生产经营型职业农民作为新型职业农民认定的重点，兼顾专业技能型与专业服务型职业农民。

（三）分类认定

新型职业农民和农村实用人才认定工作必须结合各地实际，建立初、中、高三级贯通的认定体系，为实现精准化培育奠定基础。对专业技能型和专业服务型职业农民建立培训制度和统计制度。

（四）扶持政策体系

农业部将会同有关部门研究制定专门政策，扶持新型职业农民和农村实用人才。把财政补贴资金、示范推广项目、土地流转政策、金融社保支持等与新型职业农民和农村实用人才认定工作挂钩。同时，建立健全新型职业农民的表彰奖励机制，调动农民参与认定的积极性和主动性。

典型案例

◎全国产粮大县齐河县率先制定出小麦、玉米两项县（市）规范◎

1月17日上午，由农业部、国家标准委、中国农科院、中国社科院等专家组成的评审组，在北京对山东省齐河县《小麦、玉米质量安全生产标准综合体县（市）规范》和《小麦、玉米生产社会化服务标准综合体县（市）规范》进行评审，并举行新闻发布会向全国发布。这标志着齐河县在全国率先制定出两项粮食标准综合体的县（市）规范。

标准综合体，是国家标准委近年来推进标准化工作的改革创新和重中之重。专家评审组认为，齐河县在全国粮食主产县中率先迈出了农业综合标准化的步伐，两个标准综合体以相关国家、行业、地方标准为依据，规定了齐河县小麦、玉米生产社会化服务和质量安全生产综合标准化建设术语、区域划分、发展目标、建设内容、技术要求、综合服务和建后管护等方面的内容，对小麦、玉米生产的水质、大气、土壤、耕作、管理、科技、农药使用、肥料择选、社会化服务等规定了严格的科学标准，对加快推进农业生产标准化、规模化、专业化、组织化有重要探索作用。

据悉，两项标准综合体是由齐河县邀请农业部、国家标准化管理委员会农业与食品部、中国标准化研究院等各主管部门专家，历时半年的考察和论证后，共同研究制定。

据介绍，2014年齐河县粮食总产量突破27.3亿斤（1斤=0.5千克，全书同），实现"十二连增"，成为连续8年总产过20亿斤的超级产粮大县，连续6年荣获全国粮食生产先进县和全国粮食生产先进县标兵，该县20万亩粮食高产创建核心区在全国第一个实现亩均"吨半粮"。目前，齐河县正加快推进80万亩"全国绿色食品原料（小麦、玉米）标准化生产基地"建设，将"标准综合体规范"贯穿生产全过程，使粮食整建制高产创建模式晋级为绿色增产模式。"下一步我们将着力打造全国集约面积最大、单位产量最高、产品质量最优的'华夏第一麦'品牌。"齐河县委书记孟令兴说。

◎山东"菜市双雄"寿光、兰陵如何成京沪"菜篮子"◎

在中国蔬菜物流图上，山东省南部的兰陵县与上海之间形成了一条高密度大流量的繁忙交通线；北部的寿光市则如同一簇漂亮的烟花，向北京等周边地区散发出强大的集散效应。

因为蔬菜，山东的寿光、兰陵分别与北京、上海两个特大中心城市结下了不解之缘。在北京蔬菜市场上，大约有1/3的蔬菜来自寿光；而上海对兰陵蔬菜的依赖度则高达50%。

寿光、兰陵如何成了京沪"菜篮子"？

同样是为全国特大城市供应蔬菜，寿光与兰陵在经营模式上有着天壤之别。

20世纪80年代末，当兰陵县（原苍山县）菜农李桂祥骑着自行车驮着几袋子大蒜，带着铺盖卷"混上海"的时候，寿光菜农孙成峰正在为三元朱村17个冬暖式蔬菜大棚的丰收而纳闷："还有过冬不生炉子的大棚？"

20世纪90年代初，几毛钱一斤的苍山大蒜、姜运到上海，价格翻番到两三块钱，引发了无数李桂祥们"下江南"。而与此同时，寿光的冬暖式大棚也在全县推广，培育造就了无数"万元户""十万元户"，告别了北方冬季新鲜菜品单一的历史。

时光荏苒，20多年过去了，寿光已有40多万个蔬菜大棚，蔬菜种植面积80多万亩。其"买全国、卖全国"的市场效应，使寿光成为名扬全国的"蔬菜之乡"，每年寿光菜博会吸引着全国人民的眼球。

当"北菜园"寿光以蔬菜种植、集散扬名，担当起首都北京"菜篮子"重任之时，"南菜园"兰陵则靠30多万人的蔬菜运销队抢占"上海滩"，当地常年蔬菜种植面积超过110万亩。

"一天不见Q（兰陵车牌鲁Q），吃菜都犯愁"，在上海最大的一级蔬菜批发市场——江桥批发市场副经理夏伟看来，流传在上海菜场的这句话，真实反映了兰陵蔬菜在上海市场的影响力。

2014年6—8月，兰陵蔬菜在南方卖出了60多亿元，销售额稳居"长三角"地区首位。在上海、苏州、杭州等城市的蔬菜经营者中，兰陵人占到2/3，由兰陵人经营的蔬菜又占到需求量的2/3。

江桥批发市场占到上海蔬菜供应量的70%，而这个市场六七成的蔬菜批发商来自兰陵，人数不下十万，到处可以听到带有浓重沂蒙山区口音的"兰陵话"。

多年摸爬滚打后，李桂祥当年带菜的自行车、人力平板车，早已换成了载重30多吨的大卡车……

目光转到寿光。凌晨2时开始，"中国·寿光农产品物流园"就已是车水马龙、人声鼎沸。37岁的菜商纪振男告诉记者，4月他每天都有30吨白菜花从上海种菜基地运来，在这里配菜后发往包括北京在内的全国各地。"越南的紫薯、上海崇明岛的白菜花、河北的香菇……你能想到的蔬菜品种，在寿光这个市场都可以买到。"

寿光，已成为中国蔬菜响当当的名片。"你只要有菜，到我们这个市场随便卖，真正的买全国、卖全国，每年的蔬菜交易量40多亿千克。"在物流园蔬菜部经理张南看来，寿光是中国蔬菜的集散配送中心、价格形成中心和信息交易中心，每天发布的寿光蔬菜价格指数成为中国蔬菜价格的"晴雨表"。

京沪市民吃的蔬菜放心吗？

"寿光菜""兰陵菜"名气大了，对质量和品质的要求也更高了。如何保证蔬菜安全，成为两大"菜篮子"的"一号工程"。

在寿光文家街道桑家村菜农桑雪敏的大棚，记者随手扫了一下墙上的蔬菜安全追溯二维码，手机上立马出现了地块名称——桑家合作社16号，品种圆茄，还有生产者情况等信息。桑雪敏说，自从2011年加入桑家村蔬菜专业合作社以来，大棚蔬菜由合作社统一管理和销售，还注册了"桑盛"品牌，自己省心不说，好菜也卖出了好价钱。一个大棚投资12万元，一年纯利不下15万元。

在兰陵县凯华蔬菜产销专业合作社即将装箱运走的货品上，记者也看到了类似的追溯二维码。扫描结果不但显示有黄瓜采摘日期，还有哪天进行了灌溉、施肥、用药等详细信息。

无论寿光县还是兰陵县，两地的蔬菜生产正在走向规模化、集约化和标准化，一家一户自种自卖的落后经营模式已不多见。目前，寿光有各类农民专业合作社1 800多家；兰陵的农民专业合作社也有1 790家，其中蔬菜产销专业合作社有500多家。合作社实行化肥、农药等农资统一供应、统一生产管理、统一品牌销售，大大提高了农产品安全和生产效率。

但对于容易出问题的散户菜农如何防控？寿光、兰陵两地都动了不少脑筋。

两地对进入当地市场的农药产品逐一进行审核备案，并建立县乡村三级监管网络。兰陵还实施了农业标准化为主体内容的农产品质量提升工程和出口农产品绿卡计划，建立起完善的农产品标准体系。

为根治蔬菜常见的根结线虫病害，寿光财政每年专门拿出500万元，给农民补贴推广高效生物低毒农药；为减少农药使用量，寿光推广使用了静电喷雾机和热雾剂，这两种办法大大提高了药物使用效率，降低了药量使用强度。

蔬菜生产都是大水大肥，时间一长难免出现土壤盐渍化和板结现象。针对过量施用化肥导致的土壤板结及次生盐渍化现象，寿光2010年就启动蔬菜"沃土计划"，依托科技科学施肥，推广生物菌肥改良土壤，激发土壤活力。市财政每年投入800万元用于农民的用肥补贴。

在寿光市化龙镇现代农业产业园区黄瓜大棚里，顺泰农业负责人贾崇山捧起一把土壤告诉记者，现在用了加工处理过的稻壳粪后，土壤不板结了，而且细致疏松，浇水后很容易渗透，很快干燥，不易滋生疫病。

在抓农产品质量安全源头治理的同时，两地还加强了流通环节的质量安全监管。寿光农产品物流园检测中心每天从凌晨2时多开始对进入市场的每车菜进行抽检，每天都要抽取300多批次的蔬菜，每年抽检10万批次。"现在市场的蔬菜抽检合格率稳定在98%以上，一旦发现药残超标严重的蔬菜都是就地销毁"。检测中心经理隋玉美表示。

兰陵县将确保质量安全作为"兰陵蔬菜产业转型升级的生命线"，还在当地建设了山东省第一家农副产品质量监督检验中心，可进行药残、肥残、重金属等100多项指标的检测。

"菜篮子"保障也要转型升级。

如何继续稳定地供应京沪市场，蔬菜供应保障如何转型升级，寿光人和兰陵人也在思考。

两地都有种菜的传统，都有"中国蔬菜之乡"的美誉。如今，这两大"菜篮子"正在全国范围内释放出强大的"样板效应"，不但为全国蔬菜生产经营提供了参照模式，而且积极对外输出人才、技术与种子资源，不断影响着全国蔬菜生产经营和特大城市蔬菜保障模式。

据兰陵县蔬菜产业发展办公室主任傅成高介绍，今年的兰陵菜博会，首次发布了"苍山蔬菜"的品牌标识。树品牌，是为了更好地闯市场。而且，兰陵30多万人的专业蔬菜运销队伍，在站稳"上海滩"之后，已经开始挥师北上，不再回避寿光的锋芒，山东蔬菜"双雄争霸"的战幕已悄然拉开。

寿光的蔬菜技术员输出由来已久，目前已经覆盖全国多个省区。在很多外地人看来，"寿光的菜农都是神仙，叫它什么时间开花，就什么时间开花。"三元朱村的大棚技术培训，每天都吸引着来自全国各地的学习者。而兰陵也在探索"异地农场"，兰陵县尚岩镇的李洪军在江苏启东租了20亩地种植黄瓜，每亩产值过万元。据不完全统计，目前有6万名兰陵农民在外经营土地30多万亩。

目前寿光定位了蔬菜园区化发展的思路，以标准园区的打造为主线，加强对蔬菜产业的科学规划布局，大力发展园区农业，推进农业由分散经营向集约化经营转变。寿光设施蔬菜基本上保持了 80 万亩左右的种植规模，并没出现明显的扩张趋势。

除了蔬菜种植园区化外，寿光人也在努力成为行业标准的制定者和引领者，有意在淡化"寿光是中国最大的菜篮子"这一概念，而是用寿光创造的"标准"为全国的蔬菜生产提供服务，通过这个标准和服务来带动全国蔬菜产业的发展，为全国老百姓提供优质菜品。

"80 万亩蔬菜大棚不可能满足全国消费者的需求，寿光未来要着力打造全国设施农业的行业服务中心，制定全国蔬菜产品的生产标准、使用农资的标准、流通的各类标准等，不管在什么地方，只要按照寿光蔬菜标准生产出的蔬菜就叫'寿光菜'。"寿光市农业局局长杨维田说。

寿光不仅做标准，还搞蔬菜的技术研发。当地投资 5 亿元组建了蔬菜种业集团，建设了 2 000 亩育种实验基地，配套科研中心和专家公寓，在海南、慈溪、北川、内蒙古等地分别设立了育种繁育基地……

兰陵县也不断推进蔬菜产业转型，不断提高核心竞争力，瓜菜新品种覆盖率达 95%以上。"苍山大蒜""苍山牛蒡""苍山辣椒"通过了中国农产品地理标志保护认证。

展望未来，在中国蔬菜生产的绿色征程中，在保障大城市蔬菜供应上，寿光和兰陵都在争取有更大的作为。"菜市双雄"还将演绎怎样的蔬菜传奇，我们翘首以待。

◎给农产品买保险受到农民关注◎

"种了大半辈子地，头一回给马铃薯买保险。没想到，还真能收到赔偿的钱！"近日，在山东省滕州市滨湖镇田桥村，马铃薯种植户赵成瑾给记者分享了今年种地遇上的"惊喜"。

赵成瑾所说的"给马铃薯买保险"，是山东省蔬菜目标价格保险试点的工作之一。作为全国最大的二季作马铃薯产区，滕州市露地马铃薯种植面积达5亩以上的种植户和种植基地均可参与目标价格保险的投保。

"随着现代农业意识的增强，山东农民也开始重视给农产品买保险。"山东省滕州市物价局局长孔凡臣说，经过各家参保公司核实确认，2015年滕州市春季露地马铃薯田头收购均价为1.64元/千克，投保的种植户将获得28.24元/亩的赔偿。

在距离滕州市110多千米的"中国大蒜之乡"金乡县，大蒜集中上市期还未结束，目标价格保险的价格监测工作仍在进行。

与此同时，山东省正在试点的蔬菜目标价格保险受到了不少种植户的欢迎。"现在好了，我们只用了几个土豆的钱，就换来一份安心，即使价格不景气，也有了一些喘息的机会。"滕州市富田蔬菜种植专业合作社理事长田伟说。

山东省物价局综合法规处处长李东方说，山东首次开展蔬菜目标价格保险试点并对保费进行补贴，旨在培养农民的市场意识，增强农民抵御市场价格风险的能力。

据中国保监会统计，除目标价格保险之外，我国的农业保险已覆盖全国所有省份，超过2亿农户参加了农业保险，我国已成为世界第二大农业保险市场。

◎陕西走出职业农民培育新路子◎

2014年，陕西省被农业部确定为全国新型职业农民培育整省推进省份。为进一步推进新型职业农民培育工作，陕西省农业厅制订了《新型职业农民培育整省推进工作方案》，突出了"教育培训、认定管理、帮扶指导、政策扶持"四大工作环节，力争到2020年全省培育新型职业农民20万人，其中生产经营型10万人、专业技能型5万人、社会服务型3万人、新生代型2万人。

自2011年以来，陕西省把培育职业农民作为发展现代农业的重要举措。经过实践探索，形成了在发展产业中催生职业农民，在职业农民培育中发展产业，实现职业农民培育与产业发展良性互动的总体思路，总结出"理论授课、网络辅导、基地实训、认定管理、帮扶指导、扶持发展"的培育模式。通过综合素质、专业技能、经营规模、生产效益、职业道德5个综合评价指标，建立了一整套认定管理流程，规范了新型职业农民资格证书。截至目前，陕西省已省级认定高级职业农民85名，市级认定中级职业农民55名，县区认定初级职业农民3 696人。

据了解，陕西省新型职业农民培育对象要符合五个条件：年龄在16~55岁；应具备初中以上文化程度；收入主要来源于农业；农业职业特征鲜明，主要可分为生产经营型、专业技能型、社会服务型、新生代型等类型；从业稳定，创业激情高。经过摸底调查统计，陕西省符合职业农民特征的培育对象达20多万人。陕西省将按照政府主导、立足产业、分类培育、农民自愿的原则，对培育对象进行逐步培育。据悉，今年陕西省计划培育有文化、懂技术、会生产、善经营的新型职业农民1万人。

第二节　农业科学技术推广政策

一、农业技术推广的定义与原则

《中华人民共和国农业技术推广法》（以下简称《农业技术推广法》）第二条规定："本法所称农业技术，是指应用于种植业、林业、畜牧业、渔业的科研成果和实用技术，包括：良种繁育、栽培、肥料施用和养殖技术；植物病虫害、动物疫病和其他有害生物防治技术；农产品收获、加工、包装、贮藏、运输技术；农业投入品安全使用、农产品质量安全技术；农田水利、农村供排水、土壤改良与水土保持技术；农业机械化、农用航空、农业气象和农业信息技术；农业防灾减灾、农业资源与农业生态安全和农村能源开发利用技术；其他农业技术。""本法所称农业技术推广，是指通过试验、示范、培训、指导以及咨询服务等，把农业技术普及应用于农业产前、产中、产后全过程的活动。"

农业科学技术推广是为了把农业科研成果和实用技术尽快应用于农业生产，增强科技支撑保障能力，促进农业和农村经济可持续发展，实现农业现代化。随着我国社会经济发展和改革的不断深入，农业推广的范围从单一的技术指导走向技术开发、经营决策、信息咨询、家政指导、智力开发等更广阔的领域，农业科技推广服务也从单纯依靠政府农业科技推广系统，演变为公益性推广组织为主，准公益性和商业性推广服务组织发挥强大作用的新型农业科技推广服务体系，出现了主体多元化、服务模式灵活多样、自下而上联动、反映农民需求的新变化和新特点。

根据《农业技术推广法》第四条，农业技术推广中应当遵循下列原则：有利于农业、农村经济可持续发展和增加农民收入；尊重农业劳动者和农业生产经营组织的意愿；因地制宜，经过试验、公益性推广与经营性推广分类管理；兼顾经济效益、社会效益，注重生态效益。

二、中国农业科技推广服务体系

(一) 改革开放前中国传统的农村科技服务体系

我国传统的农业科技推广体系是在计划经济体制下形成的，以隶属于各级政府农业主管部门的农业技术推广站（中心）为主体，承担农业新技术、新品种实验、示范及农民技术培训等任务，也承担部分政府行政管理职能的政府性推广系统。

1. 创立形成期（1950—1958 年）

这一时期，我国农村科技服务体系属于公益性农村科技服务体系，自上而下的各级政府机构是主体，是以政府为主导的服务模式；经费来源主要依靠国家财政的拨款；服务内容上主要强调农技推广站建设和农技推广人员发展；在服务方式上，采取指令式的方式，落实农村科技服务相关工作。该阶段中国农业技术推广体系初具规模，使农业技术推广工作的开展有了一定的组织基础，中国农业技术推广事业开始驶入快速发展的轨道。

2. 曲折发展期（1959—1977 年）

1958 年以后，我国先后发生了大跃进、人民公社、三年自然灾害以及"文化大革命"等诸多影响中国发展的事件。这一时期，我国农业技术推广体系的建设和发展受到了严重的冲击和影响，经历了两度撤销、两度恢复的曲折发展历程。这一时期，服务主体仍是各级政府，服务方式仍是指令式，主要以四级农业科学实验网为服务内容，我国农村科技服务体系建设在整个历史进程中处于停滞甚至倒退阶段。

（二）改革开放后中国的农业科技服务体系

1978 年党的十一届三中全会后，我国农村开始普及实行家庭联产承包责任制。农村生产经营体制的深刻变革，推动了农业技术推广体系的改革和发展。大致分为恢复发展、巩固发展和创新发展 3 个时期。

1. 恢复发展期（1978—1990 年）

这一时期，我国仍以公益性农村科技服务体系为主，并开始形成准公益性农村科技服务体系。在公益性农村科技服务体系中，"五级一员一户"的农技推广体系（即在中央、省、市、县、乡层层设立推广机构，村设农民技术员和科技示范户）逐步建立，自上而下的各级农业技术推广机构是主体，在服务过程中不断反馈农民的科技需求；服务内容集中于农业，尤其是产中环节；经费来源主要依靠国家财政的事业拨款；在服务方式上，多以项目计划的形式，采取指令式，落实各项科技成果的应用。

在准公益性农村科技服务体系中，开始出现了农业科研机构、农村合作经济组织等多种形式的服务模式，主体是农业科研机构和农村合作经济组织；服务内容集中于农业，尤其是产中环节；经费部分来源于科研机构转化科技成果所得，大部分还是依靠国家财政拨款；服务方式以指导式和指令指导结合的方式为主；基层农技推广体系的职能由无偿技术推广拓展到有偿技术服务。这一时期，我国现代农技推广体系雏形得以形成。

2. 巩固发展期（1991—2000 年）

这一时期，我国除了公益性农村科技服务体系外，还强化了准公益性农村科技服务体系。在公益性农村科技服务体系中，自上而下的各级农业技术推广机构是主体，在服务过程中不断反馈农民的科技需求；服务内容拓展到农、林、牧、渔各业，但仍集中于产中环节；经费来源主要依靠国家财政的事业拨款；在服务方式上，多以项目计划的形式，采取指令式、指导式和指令指导结合的方式，落实各项科技成果的应用。

在准公益性农村科技服务体系中，形成了以农村合作经故组织、农业行业协会等民间组织为主体的科技服务模式。服务主体是农村合作经济组织、农业行业协会等民间组织；服务内容拓展到农、林、牧、渔各业，但仍集中于产中环节；在经费来源上，各级财政拨付启动资金，专业合作社由会员集资，还可以借助股份制和股份合作制方式。农村信用社在科技服务体系中的作用主要体现在为农民、涉农企业采用高新技术提供信贷支持；服务方式以指导式和指令指导结合的方式为主，以有偿服务和无偿服务相结合。

3. 创新发展期（2001 年至今）

这一时期，我国除了公益性农村科技服务体系外，强化了准公益性农村科技服务体系，商业性农村科技服务体系逐渐形成，逐步建立起分别承担经营性服务和公益性职能的农业技术推广体系。

在公益性农村科技服务体系中，自上而下的各级农业技术推广机构是主体，在服务过程中不断反馈农民的科技需求；服务内容涉及农、林、牧、渔各业的产前、产中或产后环节，趋向于社会化综合服务，趋向于产前、产中、产后的一体化服务；经费来源主要依靠国家财政的事业拨款；在服务方式上，多以项目计划的形式，采取指令式、指导式和指令指导结合的方式，落实各项科技成果的应用。

在准公益性农村科技服务体系中，形成了以农村合作经济组织、农业行业协会等民间组织和农业院校、科研院所等为主体的科技服务模式。服务内容是农、林、牧、渔各业的产前、产中或产后环节；在经费来源上，各级财政拨付启动资金，专业合作社由会员集资，还可以借助股份制和股份合作制方式，农村信用社在科技服务体系中的作用主要体现在为农民、涉农企业采用高新技术提供信贷支持；服务方式以指导式和指令指导结合的方式为主，以有偿服务和无偿服务相结合。

在商业性农村科技服务体系中，各类社会其他组织如涉农龙头企业和其他商业中介是服务主体；服务内容主要是农、林、牧、渔各业的产前、产中或产后环节；经费全部来源于商业性主体自己经营所得；服务方式上以指导式服务、有偿服务为主。

我国农业科学技术推广服务体系建立以来取得了辉煌的成绩。60多年来共推广的农作物新品种、新组合有 6 000 多个，粮、棉等主要作物品种在全国范围内更换了 6 次，每次更换都增产 10%以上。超级稻、杂交玉米、转基因抗虫棉等一大批突破性科技成果的成功开发和推广应用，使主要农作物良种覆盖率达到 95%以上，有效地提高了粮、棉、油等大宗农作物的生产能力。畜禽品种改良和规模化养殖，重大动物疫病防控，名、特、优、新水产品养殖技术的进步，使畜牧水产养殖业科技进步贡献率达到 50%以上。农业机械化技术的突破性进展和应用，工厂化农业和设施农业的兴起，大幅度提高了农业劳动生产率和土地产出率。

三、农业科技推广与应用重点任务

（一）构建多元化农技推广服务体系

深入推进基层农技推广体系改革与建设，加快乡镇农技推广机构条件建设进度，着力加大防灾减灾、稳产增产重大技术推广力度，提升基层农技推广服务能力和服务水平。适应生产环节、农时季节需求，开展关键农时、关键环节的技术服务，全面推进农业科技进村入户，提升农业科技成果的入户率、到位率和覆盖率。

深化公益性农技推广机构改革与建设。强化农技推广机构的公益性定位，明确职能任务，合理设置机构，科学核定编制，完善改革配套措施。理顺管理体制，强化县级农业主管部门对乡镇农技推广机构的管理和指导。健全人员聘用制度，规范上岗资格条件，加强知识更新培训，不断提高农技人员的业务素质。全面开展乡镇农技推广机构条件建设，修缮或新建业务用房，配备推广服务设施设备，提升公共服务能力。

引导农业科研教育机构开展农技服务。建立、完善职称评聘、工作考评等各方面政策措施，鼓励和引导农业科研教育机构及其科技人员面向生产一线，促进农业科研与生产的有效对接。创新农技推广方式方法，积极推广专家大院、院县共建、科技特派员等农技服务模式。

培育新型农业社会化服务组织。适应农民多层次、多领域、多形式的技术需求，大力培育农民专业合作社、涉农企业、农业专业服务组织等农业社会化服务组织，引导其结合自身生产经营活动，开展新品种和新技术引进，农资供应，标准化生产指导，技术培训与咨询，病虫害统防统治，耕、种、收机械作业，农产品市场营销等产前、产中和产后服务，提高农业科技服务的专业化、社会化水平。

（二）农业科技推广重点工程

1. 粮、棉、油、糖高产创建工程

着眼于粮、棉、油、糖等大宗农作物大面积平衡增产，围绕不同作物的区域目标产量要求，组装集成高产生产技术模式，在各县继续开展万亩高产创建示范片的基础上，逐步开展整乡、整县的整建制高产创建，促进粮、棉、油、糖作物高产稳产和平衡增产。

2. 园艺作物标准园创建工程

着力推进园艺产品生产育苗、配方施肥、病虫害防控、绿色产品生产等技术的普及和应用，继续开展园艺作物标准园创建，逐步建立可追溯体系，进一步提升园艺产品的品质与安全水平。

3. 畜、禽、水产健康养殖关键技术与产业示范工程

按照畜禽良种化、养殖设施化、生产规范化、防疫制度化、粪污处理无害化和监管常态化要求，启动畜禽标准化关键技术与产业示范工程，建立健全并推广畜禽生产、养殖场所生物安全标准体系；对饲料、饲料添加剂和兽药等投入品使用，畜禽养殖档案建立和畜禽标志使用实施有效监管，从源头上保障畜产品质量安全。

4. 病虫害统防统治工程

针对病虫害发生的区域性、集中性等特点，着力完善植物病虫害预测预报体系，大力推进生物农药、绿色生物制剂的应用，强化公共植保的职能。

5. 农业信息服务工程

加强农业生产过程信息管理与服务，加快建立农产品物流信息平台、农业科技服务信息平台，畅通农产品供求信息与农业科技服务渠道，使政府和管理部门及时了解农业生产情况和农产品供求等动态，使农民能及时得到农技指导。

6. 主要农作物机械化生产综合示范工程

选择东北平原、华北平原、长江中下游平原、四川盆地以及西南山地丘陵区等代表性区域，选择若干个典型县的乡镇，建立粮、棉、油、糖等主要农作物机械化生产示范点，集成融合作物品种、栽培制度和机械化等技术，形成全国主要区域农作物机械化生产技术体系，加快实现农作物生产从种植、耕作、施肥与施药到收割、加工等过程的全程机械化。

7. 农业生物安全体系建设工程

在主要农作物病虫害高发区、主要动物疫病高发区、外来入侵生物频发区、外来疫病传入高风险区等，选择若干个县的乡镇开展区域化管理试点和示范，重点强化农业外来生物入侵安全评价与监测体系建设、转基因生物安全评价与监测体系建设，示范相关防控技术。

8. 农村沼气建设工程

建设户用沼气、小型沼气工程和大中型沼气工程，健全沼气服务体系，加快沼气科技创新，加强沼气原料多元化，沼气、沼渣、沼液农业利用等技术的研发与示范应用，强化沼气管护。

9. 农村清洁工程

在东南丘陵区、西南高原山区、黄淮海平原区、东北平原区、西北干旱区5个区域选择若干个自然村开展农村清洁工程建设。

四、加强农业科技推广的对策措施

（一）健全国家农业技术推广机构

首先，依法完善国家农业技术推广机构设置。根据农业生态条件、产业特色、生产规模、区域布局及农业技术推广工作需要，依法设立各级国家农业技术推广机构。县级以上机构要突出动植物良种繁育、作物栽培、土壤改良与肥料施用、植物保护、畜牧（草原）、水产、动物防疫、农业机械化等重点专业的技术推广工作，科学设置。乡缉国家农业技术推广机构可按乡镇设置，也可按区域设置；可按行业（专业）设置，也可综合设置。

其次，明确国家农业技术推广机构职责。根据职能分工，将《农业技术推广法》第十一条规定的公益性职责细化分解，落实到每个国家农业技术推广机构。国家农业技术推广机构要参与制订本级农业技术推广计划并组织实施，组织开展农业技术推广规划和项目的推广工作，协调指导好其他农业技术推广组织的推广服务活动，切实发挥农业技术推广的主导作用。县级以上农业技术推广机构要做好本区域农业技术推广工作的组织与指导，组织开展跨区域重大农业技术的引进、集成、试验、示范；乡级农业技术推广机构要宣传贯彻农业法律法规及强农、惠农、富农政策，进村入户开展技术推广服务工作，指导、支持村级农业技术服务站点和农民技术人员的推广活动。切实把基层农业技术推广机构的经营性职能分离出去，按市场化方式运作。

再次，理顺国家农业技术推广机构管理体制，规范国家农业技术推广机构名称和标志。省级农业部门要根据地方特点，提出完善乡镇农业技术推广机构管理体制的意见，加强县级农业部门对乡镇农业技术推广工作的管理和指导。继续深化乡镇农业技术推广机构管理体制改革，实现管人与管事的有机统一，发挥县乡服务机构的整体功能。

最后，要科学核定国家农业技术推广机构人员编制，合理设置国家农业技术推广机构的岗位。协调配合机构编制、财政等部门科学确定国家农业技术推广机构人员编制，确保公益性职能的有效履行。根据农业技术推广服务工作需要和人员编制情况，按照因事设岗、以岗管人、优化组合的原则，设置国家农业技术推广机构岗位，明确岗位名称、职责任务、任职条件，实现农技人员由身份管理向岗位管理的转变。

（二）加强国家农业技术推广队伍建设

首先，要强化农技人员聘用管理。建立公开招聘、竞争上岗、择优录用的人员聘用制度，按核定编制配齐技术人员，签订聘用合同，明确责任义务。根据规定权限和程序，以定编、定岗、不定人的方式，探索实行人员动态管理，逐步建立总体稳定、留优汰劣、人尽其才的人员进、管、出新机制，不断优化队伍结构。

其次，建立农技人员培训长效机制。科学制订培训规划和年度计划，统筹安排农技人员培训工作，实现农技人员培训制度化。坚持按需培训，突出农业先进技术、政策法规、推广方法以及农业经营管理、农产品市场营销等方面的知识技能培训，着力培养业务精、素质高、能力强的复合型农技推广人才。遵循成人继续教育规律，创新培训方式，运用现代培训手段，采取多种形式，提高培训实效。

最后，完善农技人员职称评聘制度。加快推进农技人员职称评定制度改革，分层分类、科学合理地制定农技人员职称评定标准。对在县、乡镇、村从事农业技术推广工作的专业技术人员，要考虑实际情况，合理把握其学历资历、成果奖项、论文论著等条件，重点考评业务工作水平和推广服务实效，注重业内与群众认可。评聘中向县乡基层倾斜，优先推荐乡镇农技人员。

（三）创新国家农业技术推广机构工作运行机制

一是全面推行农业技术推广责任制度。推行农业技术推广工作目标管理，将各项推广职能分解成具体任务，细化量化并落到每个机构、每个岗位、每名农技人员。实行县级农业技术推广首席专家负责制，分类组建县级技术指导员队伍，通过包村联户等方式，确保农业技术推广服务全覆盖。二是健全农业技术推广工作考评机制。建立工作考评制度，科学制订考评方案，细化、实化考核指标，坚持定量考核与定性考核相结合，平时考核与年度考核相结合。三是建立农业技术推广工作激励机制。将农技推广人员的考评结果作为绩效工资兑现、职务职称晋升、岗位调整、合同续聘解聘、技术指导补贴发放、学习培训和评先评优的主要依据。

（四）促进多元化农业技术服务组织发展

一是引导农业科研教学单位成为农业技术推广的重要力量。完善农业科研评价机制，将试验示范、推广应用成效以及科研成果的应用价值评估等内容作为相关研究工作的重要评价指标，吸收农业技术推广机构、农业企业和基层农技人员作为验收评价的重要主体。

二是充分发挥农民专业合作社、涉农企业、群众性科技组织及其他社会力量的作用。加快推进多元化农业服务组织发展，完善资金扶持、业务指导、订购服务、定向委托、公开招标制度，落实税收、信贷优惠政策，多渠道鼓励和支持农民专业合作社、涉农企业为农民提供农资统供，统耕、统种、统收，病虫害统防统治，农产品统购统销等各种形式的农业产前、产中、产后全程服务，提高农民应用先进技术的组织化程度。支持符合条件的农民专业合作社、涉农企业参与国家或地方重大农业技术推广项目的实施。

三是加强村农业技术服务站点和农民技术人员队伍建设。以村集体经济组织、农民专业合作社、科技示范户、农民技术人员等为依托，采取民办公助、技物结合、动态管理的方式，积极稳妥推进村农业技术服务站点建设。

（五）落实农业技术推广保障措施

首先，建立农业技术推广经费投入的长效机制。积极争取地方政府和有关部门的支持，发挥政府在农业技术推广投入中的主导作用，保证财政预算内用于农业技术推广的资金按规定幅度逐年增长。将国家农业技术推广机构的人员经费、基本运转经费等各项支出依法纳入同级财政预算给予保证。深入实施中央财政重大农业技术推广项目，推动大幅度增加农业防灾减灾、稳产增产关键技术补贴。鼓励各地设立农业技术推广专项资金，对地区性重大农业技术推广给予补助。积极鼓励和引导社会资金的投入，推动全社会用于农业技术推广的资金持续稳定增长。

其次，提高基层农技人员工资待遇，落实基层国家农业技术推广机构工作经费。认真贯彻国家事业单位工作人员收入分配制度改革方案，落实乡镇农技人员工资上浮和固定政策，按规定发放有毒有害保健、畜牧兽医医疗卫生和艰苦边远地区工作等津补贴，切实提高基层农技人员的工资待遇水平。加强基层农技推广体系改革与建设补助资金的使用管理和绩效考核，完善中央财政对基层农业技术推广工作经费的补助机制。

最后，改善基层农业技术推广工作条件。加快实施乡镇农技推广机构条件建设项目，抓紧落实地方配套资金、建设用地及其他相关配套政策，为推广机构建设业务用房，配置检验检测、技术推广、农民培训设备及交通工具等。加强项目建设和资金管理，规范工程招投标和设备采购程序，落实工作责任，确保建设质量和进度。鼓励有条件的地区加大地方财政投入，扩大投资规模，提高建设标准。

第三节 农业信息化支持政策

2016年，中央一号文件明确提出促进农村电子商务加快发展。农业部会同国家发展和改革委员会、商务部制订的《推进农业电子商务行动计划》提出开展两年一次的农业农村信息化示范基地申报认定工作，并向农业电子商务倾斜。农业部与商务部等19部门联合印发的《关于加快发展农村电子商务的意见》提出鼓励具备条件的供销合作社基层网点、农村邮政局所、村邮站、信息进村入户村级信息服务站等改造为农村电子商务服务点。支持种养大户、家庭农场、农民专业合作社等，对接电商平台，重点推动电商平台开设农业电商专区、降低平台使用费用和提供互联网金融服务等，实现"三品一标""名特优新""一村一品"农产品上网销售。鼓励新型农业经营主体与城市邮政局所、快递网点和社区直接对接，开展生鲜农产品"基地+社区直供"电子商务业务。组织相关企业、合作社，依托电商平台和"万村千乡"农资店等，提供测土配方施肥服务，并开展化肥、种子、农药等生产资料电子商务，推动放心农资进农家。以返乡高校毕业生、返乡青年、大学生村官等为重点，培养一批农村电子商务带头人和实用型人才。引导具有实践经验的电商从业者返乡创业，鼓励电子商务职业经理人到农村发展。进一步降低农村电商人才就业保障等方面的门槛。指导具有特色商品生产基础的乡村开展电子商务，吸引农民工返乡创业就业，引导农民立足农村、对接城市，探索农村创业新模式。农业部印发的《农业电子商务试点方案》提出，在北京、河北、吉林、湖南、广东、重庆、宁夏7省（自治区、直辖市）重点开展鲜活农产品电子商务试点，吉林、黑龙江、江苏、湖南4省重点开展农业生产资料电子商务试点，北京市、海南省开展休闲农业电子商务试点。此外，农业部还将组织阿里巴巴、京东、苏宁等电商企业与现代农业示范区、农产品质量安全县、农业龙头企业对接，加快农业电子商务发展。

第七章 农业产业化政策

第一节 农业结构调整

一、农业结构政策目标

（一）农业结构政策目标概述

农业结构是指农业生产过程中形成的各产业、产品等构成及其比例，是农业资源和生产要素在农业领域的分配比例。一般分为狭义的农业结构和广义的农业结构。狭义的农业结构是指农业生产结构，包括种植业、养殖业和渔业的构成及其所占比例，种养业中各种产品的构成及其比例及每一个品种中的品质构成及其比例。广义的农业结构除包括上述内容外，还包括农业的区域布局，农业中的种养业、农产品加工业和农产品储蓄、运输服务等第三产业的构成比例。农业结构政策就是适应国民经济发展和人民生活水平的改变，用以不断调整农业结构内部各种资源和生产要素构成及其比例的手段及措施。通过这种调整策略提高农业整体素质和发展水平，促进农业持续健康发展。

加入世界贸易组织后，农业发展的约束条件将发生大的改变，这对促进中国农业战略性调整是有益的。应结合农业发展新阶段的特点和发展目标，充分利用国际、国内两个市场，发挥区域比较优势，在更大的范围内合理配置生产要素，提高资源利用水平和配置效率。要适当减少粮、棉、油等土地密集型农产品的生产，增加畜牧、水产以及园艺等劳动密集型农产品生产。在政策调整上应对不同区域采取不同的政策导向。东部沿海发达地区要适当调减没有比较优势价格的粮棉生产，增加资金和技术密集、附加值高的农产品生产，发展创汇农业和现代化农业，扩大优势农产品出口；中部和粮棉生产地区应在稳定粮棉生产优势的基础上，大力发展畜牧业和农产品加工业，推进农业产业化经营。西部地区则要抓住西部大开发的历史性机遇，在大力发展不同区域特色产业的同时，实行退耕还林、还湖、还草，恢复和加强农业生态建设。

中国是一个农业大国，因而处理好粮食问题是农业结构调整政策的重点。解决粮食问题首先要立足于国内资源，实现基本自给，同时利用国际资源，进行品种和丰歉年间调剂。其次要调整粮食生产结构。目前在 5 000 亿千克的粮食生产中，约有1/5 是品质差、价格低、不受消费者欢迎的品种。从结构调整的区域分布看，要调减低质粮食品种，发展优质、专用的粮食生产。因此，要调整南方早籼稻面积，稳定中稻，发展优质稻；稳定发展北方冬麦，改良东北春小麦品种，适当调减南方冬小麦，大力发展专用小麦；重点发展优质饲用玉米，配合加工需要发展高淀粉、高含油等玉米品种生产，适度扩大南方玉米生产；扩大优质品种和高质量的大豆生产，稳定发展名、特、优杂粮生产。总之，应把努力提高粮食品种和质量，作为粮食结构调整的重点。最后，重点要提高科技对粮食增长的贡献率。"超级稻"的推广，就预示着中国粮食还有极大的增长潜力。

（二）农业结构的具体目标

1. 发展高产、优质、高效农业

高产、优质、高效农业要求：一是高产，就是提高资源的单位产出率，包括提高农、林、牧、渔等多种农产品的产量，重点是提高单位面积产量。二是优质，就是追求农产品的使用价值，包括品种改良、产品优质、结构优化等。三是高效，就是提高农业的综合效益，以提高经济效益为中心，兼顾社会效益和生态效益，实现三个效益的统一。发展高产、优质、高效农业，就是要遵循价值规律，依靠科技进步，以农、林、牧、副、渔全面发展的观点充分合理地开发利用各种农业资源，不仅要生产出产量更高、品质更好的各种农产品，而且要不断提高效益，使农业成为充满生机活力、具有较强的自我发展能力的现代产业。

历史的车轮已经驶入 21 世纪，随着产品数量的大幅度增长，全国人民基本从温饱走进小康。为了更好地满足城乡居民生活水平不断提高对农产品的消费需求，为工业化提供更多的优质原料、缓解农产品卖难问题、较快地增加农民收入，为全面建设小康社会做出应有的贡献，我国农业应当在继续重视产品数量的基础上，转入高产优质并重、提高效益的新阶段，并加快发展高产、优质、高效农业，以市场为导向继续调整和不断优化农业生产结构，在确保粮食稳步增产、积极发展多种经营的前提下，将传统的"粮食—经济作物"二元结构逐步转向"粮食—经济作物—饲料作物"三元结构，不断提高农作物的综合利用率和转化率。在继续加强牧区畜牧业的同时，进一步发展农区畜牧业。在畜牧业发展的基础上发展加工业，为乡镇企业发展开辟新的途径。不论是种植业还是畜牧业和水产品，都要把扩大优质产品的生产放在突出位置，并作为结构调整的重点抓紧抓好。

为促进农业结构进一步调整，各地要以流通为重点建立贸、工、农一体化的经营体制。按照市场需要组织生产和加工，形成生产、加工和流通环节紧密相连的产业体系，上联全国市场，下联千家万户，发展适度规模的商品生产基地和区域性支柱产业，是进入农村商品经济大发展时期以后的必然要求，也是发展高产、优质、高效农业不可缺少的基本条件。鼓励各地建立贸、工、农一体化的经济实体或利益共同体，打破部门、地区和所有制的界限，不论农业、工业企业还是商业、外贸企业，不论国有、集体企业还是"三资"或私营企业，实行谁能牵头就支持的政策。进一步办好城乡农贸市场，继续鼓励农民有组织地参与流通领域发展，以加快发展农村第三产业。

当前，贸、工、农一体化经营组织，要重点发展加工、保鲜、运输和销售，实现农产品的多层次、大高度增值，提高市场竞争能力，扩大农村劳动力的就业容量。提倡和鼓励加工企业兴建农产品原料基地，或者实行加工企业与农产品原料基地直接挂钩，减少中间环节。农业社会化服务体系建设要把发展高产、优质、高效农业作为主要任务，推进技术物资结合，实行有偿服务，办好服务，加快改革进程，为发展高产、优质、高效农业和整个农村商品经济服务。

2. 实现对农业结构的战略性调整

当前我国农业结构不合理，主要表现在：农产品质量不高，不能适应市场需求变化；农业区域结构雷同，影响各地比较优势的发挥；农产品加工程度低，制约增值效益的提高和消费需求的扩大。要实现农业结构的战略性调整，必须牢牢把握住提高质量和效益这个中心环节，面向市场，依靠科技，在优化品种、优化品质、优化布局和提高加工转化水平上下功夫。只有这样，才能使我国农业在新的台阶上继续保持旺盛的发展活力，促进农民收入的持续增长。

经过近几年的实践探索，我国农业结构调整已经有了一个良好的开端，出现了一些可喜的变化，如优质专用农产品得到快速发展，高效经济作物、畜牧业、渔业成为新的增长点，主要农产品生产逐步向优势产区集中，农民增收的渠道进一步扩宽，市场机制所起作用越来越强，等等。但是，必须清醒地看到，农业结构调整所取得的成效还只是初步的、阶段性的。农业结构不合理、农产品市场竞争力不强、农业效益不高、农民增收困难的状况还没有得到根本改变，坚定不移地推进农业结构战略性调整，促进农业增效、农民增收，是巩固农业基础地位、维护广大农民利益的客观要求，是适应整个国民经济结构调整、促进经济持续稳定发展的客观要求，也是适应加入世界贸易组织、参与国际市场竞争的客观要求。我们一定要进一步增强紧迫感和责任感，仅仅抓住新一轮科技革命、推进城市化和西部大开发的历史机遇，加快农业结构调整的步伐。

当前和今后一个时期，农业结构战略性调整的总体思路应该是：以提高质量和效益为中心，以增加农民收入为基本目标，以增强农产品市场竞争力和促进农业产业升级为重点，面向国内外市场，依靠科技进步，进一步优化品种结构，优化产业结构，优化区域布局，加快农村二三产业发展，加快小城镇建设，促进劳动力转移，全面提高农业和农村经济的整体素质和效益。根据这个总体要求，农业结构调整应当突出4个重点：①全面提高农产品质量，满足市场优质化、多样化的需求。②加快发展畜牧业和渔业，扩大农民增收的领域，把发展畜牧业作为农业结构调整的重要内容，加快发展步伐，使之成为大支柱产业。③大力发展农产品加工业，提高农业的综合效益。④坚持以市场为导向，立足现有加工能力的改组、改造，积极引进开发农产品加工、保鲜、储运技术和设备，提高我国农产品的市场竞争力。

调整农业结构要从实际出发，讲求实效，不搞花架子；要从市场需求出发，着眼于生产出来的农产品卖得出去，能卖个好价钱。同时要看到，农业结构调整是一项复杂的系统工程，是一期的任务，既要争朝夕，又要稳扎稳打。各级政府要注意做好引导和服务等基础性工作，重点是抓好典型示范、政策指导、信息引导、产销衔接等工作，为结构调整创造良好的、宽松的环境。

二、农业结构调整的政策内容

改革开放以来，我国对农业结构政策做了较大调整，从改变"以粮为纲"到"积极开展多种经营"，从高产、优质、高效到农业和农村结构战略性调整。概括而言，农业结构政策主要有以下几方面内容。

（一）促进农业内部各业结构改善

从满足人民生活水平提高对农产品的需求出发，在保持粮食生产平稳发展的同时，各级政府都出台了促进农业结构调整的政策措施。主要有实行市场化改革，放权让农民根据市场需求调整生产结构，发挥市场在资源配置上的基础性作用；通过实施优势农产品基地建设、市场体系尤其是优势农产品产地批发市场建设、农业社会化服务体系建设、优势特色产业科技创新与推广、金融服务、政策性保险等多种方式支持农民开展多种经营，促进农业的全面发展。在促进农业全面发展的政策措施作用下，农业内部产业结构得到显著改善。

（二）促进主要农产品生产逐步向优势产区集中

实施优势农产品区域布局规划，促进农业结构调整。国家制订并发布《优势农产品区域布局规划》，规划了专用小麦、专用玉米、高油大豆、棉花、"双低"油菜、"双高"甘蔗、柑橘、苹果、肉牛肉羊、牛奶、水产品 11 种优先发展的优势农产品，提出了建设 35 个优势产业带的目标。随后，国家又编制、实施了优质水稻、生猪两个优势农产品的区域布局规划。农业部门加强协调、统筹安排，加大并带动了地方政府和社会对优势农产品产业带建设的投入力度，并结合《国家优质粮食产业工程建设规划》的实施，着力抓好水稻、小麦、玉米、大豆 4 类粮食作物优势品种和九大产业带建设，以促进粮食生产的产业化、区域化。《优势农产品区域布局规划》的实施，引导农产品生产向优势区域集聚，促进农业区域化布局和专业化分工，形成优势农产品产业带。在粮食生产上，初步形成了 9 个主要粮食品种优势产业带。水稻、小麦、玉米、大豆四大粮食作物集中度分别达到 80%、90%、66%、59%。在棉花生产上，形成长江流域、黄河流域、西北内陆三大棉区，播种面积占全国的99%。在畜牧业上，生猪生产形成以长江中下游生猪产业带为中心向南北扩散的格局，肉牛业形成了以黄淮平原为中心的中原肉牛带以及东北肉牛带，奶牛主要集中于东北与华北两大地带，家禽主要集中于山东、广东等东部省份。在渔业上，逐步形成了东南沿海和黄渤海优势出口水产品养殖带、长江中下游优质河蟹养殖区。

（三）促进农产品质量提高

政府从适应人民生活水平提高的角度出发，按照"高产、优质、高效、生态、安全"的要求，积极推进农业发展方式转变，推进农业科技进步和创新，加强农业物质技术装备，大力促进现代化农业发展，进而为提高农产品质量奠定基础。特别是在农业结构调整中，采取多项政策措施促进适销对路的优质专用农产品生产发展。同时，我国制定和实施了《中华人民共和国农产品质量安全法》，形成了包括监管体制、质量认证、标准管理、农产品生产、农产品包装和标志、检测追溯等的政策框架。这些政策措施的实施，促进了优质农产品生产的快速发展。

（四）促进农业产业化经营发展

为适应市场经济和农业发展方式转变的要求，我国在家庭承包经营基础上创造了农业产业化经营方式，有效地衔接了小农户与大市场的关系。政府通过税收优惠、财政支持、信贷支持、上市融资、科研开发、技术改造、人才培养、基地建设，以及鼓励完善利益连接机制和促进农民专业合作经济组织发展等政策措施，培育一批竞争力强、带动能力强的龙头企业和企业集团。促进农业产业化经营的发展，已成为推进农业农村经济结构战略调整不可或缺的现实路径。

三、农业结构调整的矛盾与问题

改革以来我国进行的农业结构调整仍是初步的、低层次的和阶段性的，农业结构不合理的问题仍然存在，主要表现在3个方面。

（一）农业生产结构趋同，区域布局仍不够合理

目前全球水稻生产的90%集中在部分亚洲国家；小麦主要分布在我国以及美国、印度、加拿大等国；世界著名的黄金玉

米带处在北纬30°~45°；棉花主要集中在中亚、近东和美国。相对而言，尽管我国近年来一些农产品生产向优势产区集中的趋势较为明显，但农业在区域间的合理分工仍未真正形成，区域间的产业结构趋同问题仍较严重，不同地区农业生产的比较优势仍未得到充分发挥。导致这种低水平重复趋同结构的原因，主要是农户家庭经营规模小，相对分散，农民的生产经营行为并不受产业区域规划约束，同时存在信息不对称的问题。

（二）优势产业发展水平低，竞争能力不稳固

经过多年的发展，我国农业逐步培育出了一些具有比较优势的产品和产业，在国际市场上也有一定的影响。但从整体来看，我国农业在参与国际竞争的过程中还没有占据明显的优势地位。入世以后，我国原先预计的一些优势产品并没有表现出应有的竞争力，这是因为我国农业现代化建设滞后，农业弱质性的境况并未得到切实改变。

（三）农产品加工转化不足，农业向广度和深度延伸不够

我国农产品加工业发展势头良好，但整体发展水平还不高，与农业农村经济的发展还不适应，仍处在替补发展阶段。存在的突出问题是加工总量不足，精深加工程度较低；技术装备落后，企业规模较小。据专家测算，价值1元的初级农产品，经加工处理后，在美国可增值3.72元，日本为2.2元，我国只有0.38元。发达国家农产品加工产值与农业产值之比大多在2.0~3.7，而我国只有约0.4。发达国家的加工食品约占饮食消费总额的90%，而我国仅占25%左右。发达国家食品工业产值为农业产值的1.5~2倍，而我国还不及农业产值的1/3。这些数字与事实充分表明，我国农产品加工业发展还比较落后，与农业结构调整的目标不吻合。

四、农业结构调整的发展趋势

未来一个时期，我国将继续推进以"高产、优质、高效、生态、安全"为目标的农业结构调整，进一步调整农业产业和

产品结构、区域布局和提高粮食供给能力，实现从人力资源优势到产品优势，从产品优势到产业优势，从产业优势到市场优势的逐步转换。

（一）农业产业和产品结构调整

发挥农业的比较优势，实现资源的优化配置，是调整农业产业和产品结构的目标取向。前几次农业结构调整，都是为了解决粮棉等大宗农产品的卖难和促进市场短缺的优质、安全产品的发展。随着农产品供给数量不断增长、质量安全水平逐步提高，可以充分利用我国农业劳动力资源丰富的比较优势，把优势产业做强做大。通过改变优势农产品与劣势农产品的比重，调整农业产业和产品结构，提高有限生产要素的利用效率，从而增强我国农业的比较优势和资源的合理配置。具体而言，产业结构方面，将适当减少粮、棉、油等土地密集型农产品的生产，增加畜牧、水产以及园艺等劳动密集型农产品的生产。产品结构方面，在总量平衡的基础上，将对农产品品质、质量进行调整，压缩低质产品生产，扩大名优和专用性产品生产，加大农产品注册商标和地理标志保护力度，促进有机食品、绿色食品和无公害食品的发展；大力发展农产品加工业，提高精深加工水平，提高农产品增值效益；建立健全农产品质量安全体系，强化农业标准化和农产品质量安全工作，严格产地环境、投入品使用、生产过程、产品质量全程监控，切实落实农产品生产、收购、储运、加工、销售各环节的质量安全监管责任，引导、规范农业生产，以保障食品安全。

（二）区域布局政策调整

在贸易自由化的大背景下，各国重视发挥本国的比较优势，加快优势产业带的建设，提高农业集约化的程度。区域布局可以带动产业集聚，引导技术、信息、资金等各种资源不断向优势区域集中，形成产、加、销一条龙，贸、工、农一体化的新型农业产业体系，提高农业生产效益。据分析，专业化分工和效率的提高，对全球农业生产增长的贡献率仅次于农业科技进步和增加生产资料投入。我国应当做好产业布局规划，科学确定区域农业发展重点，合理调整农业生产布局，形成优势突出和特色鲜明的产业带，引导加工、流通、储运设施建设向优势产区聚集。对不同区域应采取不同的政策导向。在东部沿海发达地区，将适当调减没有比较优势的粮棉生产，增加资金和技术密集、附加值较高的农产品生产，发展创汇农业和现代化农业，扩大优势农产品出口。在中部和粮棉主产区，将在稳定粮棉生产优势的基础上，大力发展畜牧业和农产品加工业，推进农业产业化经营。在西部地区，将加强草原保护和生态环境建设，转变牲畜养殖方式，发展特色农业。热带和南亚热带地区将进一步提升热带作物产业的国际竞争力。实施《优势农产品区域布局规划（2008—2015年）》和《特色农产品区域布局规划（2006—2015年）》，抓好产业化、科技进步、质量安全、标准化生产和市场信息服务等，促进优势农产品产业带建设。同时，通过品牌化战略和对原产地的保护利用，形成一批著名品牌，以提高竞争优势。

（三）促进农业产业结构优化升级

一方面，应当通过促进产业链延伸来拓展农业产业发展空间。随着农产品加工业的发展，农业的产业链逐步延伸，加工业和农产品进出口贸易越来越成为引导产业结构调整的重要力量。大力发展农产品加工业，不仅可以延伸农业产业链，提高农产品附加值，增加农民收入，而且可以开拓农产品新市场，为农业发展提供广阔的市场空间。近年来，加工专用的优质小麦、水果等农产品生产的发展，出口贸易生产基地的建设与发展，都体现了农业产业结构由封闭的农业内部结构调整向开放的产业链延伸转变的特征。另一方面，应当全面推进农业产业化经营，促进农业产业结构优化升级。按农业产业一体化的要求，建设高效的社会化服务体系和高度有序的市场流通渠道，不断培养适应农村分工分业需要的各种专业技术服务组织，构建产、供、销，贸、工、农一体化经营模式，把资源配置、产业发展和市场空间扩大统一起来，把农产品生产、加工、销售的利益有效地联结在一起，把农户、企业与市场紧密联系在一起，激励农民走上新的联合之路，形成从生产初级产品到最终产品的利益共享和风险共担的经济联合体，使农业在市场竞争中发展成为高效益的现代化产业。为此，我国将大力促进农业产业化经营的发展，扶持、壮大龙头企业，培育知名品牌，增强龙头企业的带动作用，为农业发展、产业提升拓展更广阔的国际国内市场空间。

（四）处理好保障粮食安全和发展畜牧、水产、园艺业的关系

在我国这样一个人口大国，保证粮食安全始终是农业乃至整个国民经济发展战略的核心问题，解决粮食问题的基本思路是立足于国内资源实现基本自给，同时利用国际资源进行品种和丰歉年间调剂。换言之，我国农业结构调整将建立在粮食生产能力稳步提高的基础之上。粮食安全的基础越稳固，结构调整的空间就越广阔。在进一步深化农业结构调整的过程中，我国将高度重视粮食安全问题，处理好粮食生产与人口增长的比例关系，切实保护粮食生产能力，确保粮食生产与人口增长基本同步；处理好稻麦等主要粮食作物与蔬菜、水果等园艺作物生产的比例关系；处理好粮食生产与畜牧、水产等养殖业发展的关系，不断提高养殖业在农业中的比重，逐步推行粮食、饲料、经济作物的三元种植结构。同时，将开发非粮食食物资源的潜力。我国水域、草原、山地资源丰富，开发潜力巨大。据统计，全国有适宜水产养殖的浅海、滩涂260万公顷，现仅利用27.5%；可进行养殖的内陆水域675万公顷，也仅利用70%；可以稻鱼结合的水稻田近700万公顷，现利用不到1/5；已利用的相关部分也只是粗放经营，提高单产的潜力还很大。我国现有草地面积4亿公顷，其中可利用面积3.2亿公顷，居世界第三位，若将其中的大部分建设成人工草场，提高草原畜牧业集约化水平，就能增加大量畜产品。山区面积具有发展木本食物的

良好条件，增加木本食物的前景十分广阔。此外，外海和远洋渔业也都有一定的开发潜力。随着陆地资源日趋减少，人类已经将生存的空间不断地向占地球表面71%的海洋水域拓展。通过海洋开发利用，建立"海洋农场""海洋牧场""海洋林场"，可以丰富我国的食物结构。

（五）农业结构调整目标将更加多元化

国民经济和社会的快速发展，对农业提出了更高的要求，需要充分发挥农业的多种功能，产业结构调整的目标也将日益多元化；结构调整既要保证农产品数量的供给，又要保证质量安全水平不断提高；既要保证农业持续稳定发展，又要兼顾生态环境改善的要求；既要考虑国内市场变化，又要应对经济全球化的挑战。未来一个时期，我国农业结构调整将向多元化目标转变，向抓质量安全、树品牌形象、增产业效益，涵盖产业结构、要素结构、组织结构、区域结构等全方位的立体调整转变。同时，在结构调整过程中，不仅将体现某一项的优势，更重要的是将体现出整体的复合优势。

（六）构建与农业产业结构调整相适应的支持体系

推进农业结构战略性调整，促进农业结构不断优化升级，需要构建起与之相适应的支持体系。现阶段需要重点在以下两个方面实现突破：其一，增加资金投入。国家应从农业基础设施、品种改良、植物保护、动物防疫、农业科技创新、农产品质量安全、农业信息、农产品市场等多方面增加对农业的投入，实施一系列直接服务于农业结构调整和农民增收的建设项目，为结构调整提供支撑。国家还应通过补贴等形式，鼓励农民调整农业生产结构；将种粮农民直接补贴、良种补贴、农机具购置补贴等各项有关政策重点向优势农产品区域倾斜，推动优势农产品区域布局建设。强化主要农产品生产大县财政奖励政策，完善农产品加工业发展税收支持政策。其二，形成适应农业产业升级的人才结构。现阶段农业结构调整一个重要的不利因素是农业专业技术人才结构不合理，农业科研、推广力量主要集中在种植业，而养殖业的科研人才仅占约 1/5。在种植业中，不同作物品种和研究方向的研究人才也不平衡，如从事作物品种选育的研究人才相对集中，而从事栽培生理研究的人才相对缺乏。而且，农产品加工人才、农业法律人才、农业贸易人才、农业质量标准人才以及其他复合型人才在数量和水平上还远不能满足农业产业结构升级的需要。因此，应当适应建设现代农业的要求，围绕推进优势农产品区域布局，突出重点产业和优势产品，以优势农产品生产、加工等环节的关键技术为主攻方向，加速农业科技由单纯追求数量向数量、质量、效益并重转变，为农业产业结构升级提供人才支撑。

（七）充分发挥市场对资源配置的基础性作用

在市场经济条件下，农业结构调整是产业组织在市场引导、政府宏观调控、法律约束、产业化经营等多种机制的共同作用下，通过多种经营模式发展的结果。在完善农业结构调整机制的过程中，我国将健全市场体系，完善市场机制，发挥好市场对农业结构调整的导向和调节作用，尊重农户和企业等市场主体在市场经济活动中的自主权。同时，将有效发挥政府在结构调整中的推动作用，主要是完善政府在经济调节、市场监管、社会管理和公共服务等方面的职能，解决农业结构调整中的市场失灵、公共产品短缺等问题。

第二节　农业产业化经营

一、认识农业产业化经营

1. 农业产业化经营的含义

农业产业化经营是我国农业经营体制机制的重大创新，是建设现代农业的重要途径。农业产业化是以市场为导向，围绕支柱产业和主导产品，采用管理现代农业的办法，通过龙头企业联基地、加合作社、带农户等多种组织模式，积极优化配置各种生产要素，形成种养加、产供销、内外贸、农科教等一体化经营体系。农业产业化经营的深远意义在于能够通过组织协调生产、加工、销售，引导小农户进入大市场，扩大农户的外部规模，形成区域规模和产业规模，产生聚合规模效应。

与传统的农业生产经营相比，现代农业产业化具有生产的专业化、经营的一体化、管理的企业化、服务的社会化、资源配置的市场化等特点。

2. 农业产业化的发展趋势

我国农业产业化开始于20世纪80年代中后期，经过近30年的发展，大致经历了自发探索、快速发展、创新升级3个阶段。近年来，随着我国农业产业化不断深入发展，产业化组织实力不断增强，规模不断壮大，原料生产基地建设日益标准化、规范化，与农民的利益联结机制更加紧密，对农民的带动能力显著提高，目前农业产业化经营已经进入创新升级阶段。

第一，产业化组织发展快速，经营模式由单一向多元转变。随着农业规模化、专业化、市场化的快速发展，农业产业化组织数量大幅增加，规模和实力持续提升。农业新型经营主体的蓬勃发展也为农业产业化经营模式的多元化提供基础和条件，经营模式日益丰富。

第二，生产投入不断加大，基地建设专业化、标准化、规模化程度增强。新时期人们的消费习惯已经由原来的"温饱型"向"健康型"转变，对农产品的质量要求更高，并且也愿意为高质量的农产品支付较高的价格。为保证持续稳定、高质量的原料供给，农业产业化经营组织将基地建设作为企业可持续发展的重要基础，纷纷加大生产基地投入，基地建设专业化、标准化、规模化程度得到显著增强。

第三，利益联结机制不断完善，由松散型向紧密型转变。随着农业产业化组织形式的不断丰富和利益联结机制的日趋完善，农业产业化组织与农户之间的联结机制已经不再是简单的、松散的关系，在订单农业、保护价收购的基础上，探索出了土地经营权入股、产业联合体、股份制联盟等新兴联结方式，让农民从农业产业链中获得更多实惠、分享更多收益。2014 年，各类农业产业化经营组织以订单合同、合作、股份合作等方式，辐射带动农户 1.24 亿户，年户均增收 3 234 元，分别比 2010 年增长了 15.9%和 47.5%。

第四，发展模式由单个龙头企业带动向龙头企业集群集聚带动转变，带动能力显著增强。新时期，各地充分依托资源、产业和区位优势，引导龙头企业向优势产业和产区集聚，围绕当地特色产业发展精深加工，带动包装、储藏、运输等配套产业，打造地区主导产业，促进农村一二三产业融合互动，形成区域经济新的增长极，对农民的带动能力显著增强。

二、农业产业化经营的组织模式

农业产业化经营是一个渐进的发展过程，不同地区、不同产业、不同发展阶段都有不同的模式。目前，农业产业化经营的组织模式主要有以下 4 种。

1. "企业+农户" 模式

"企业+农户" 模式通常是以一个技术先进、资金雄厚的企业作为龙头企业，通过订单合同等契约形式将分散的农户生产和企业加工、销售联结起来。企业与农户之间按照市场上农产品的供求关系变化来进行购销活动。表面上看，企业找到了稳定的原料供应渠道，降低了购进成本；农户则找到了稳定的销售渠道。实际上，这种模式下，企业与农户只是外在形式下的联合，并且农户往往处于合作的劣势地位，其利益联结机制往往比较松散，农产品在企业和农户之间很难形成稳定的供求关系，一旦市场价格高于合同价格时候，农户则把农产品转售给市场的冲动更为强烈；而当市场价格低于合同价格时候，企业更倾向于违背合同而从市场上采购原材料。

2. "企业+基地+农户"模式

"企业+基地+农户"模式在于通过基地向企业提供农产品。基地对分散的农户进行监督和约束，同时也是农民的利益代表，对企业挤占农民利益的行为也能进行约束。在基地管理上，企业提供生产技术、农资供应、政策信息传递等统一的服务。基地作为企业和农户的桥梁，保障企业和农户之间的沟通。这种模式克服了"企业+农户"模式协议定价的缺点，一般只签订了最低保护价格，在规定的收购时限内，如市场整体价格低于保护价格，则按保护价格收购；如市场价格高于保护价格，则按市场整体价格进行收购。

3. "企业+农民合作社+农户"模式

该模式是在企业与农户之间加入农民合作经济组织的中介组织作用。通过农民合作社把分散的农民组织起来，从而形成以企业为龙头、合作经济组织为纽带、众多专业农户为基础，提供从技术服务到生产资料服务再到销售服务的产加销、贸工农一体化全方位服务的产业化经营组织。合作社成为农户的利益共同体，对外是营利性经济实体，对内是非营利性服务组织，合作社赢利时在合作社成员间进行分配。这种模式下，企业、农户和农民合作社能够紧密联系在一起，企业和农户之间的利益联结更加稳定。

4. "企业+专业合作社+家庭农场"模式

该模式是以农业企业为龙头、家庭农场为基础、农民专业合作社为纽带的一体化紧密型现代农业经营组织。与"企业+农民合作社+农户"模式相比主要有两点不同：一是从事专业化、规模化农业生产的家庭农场代替了传统分散的农户；二是专业合作社的职能由原来的生产组织者变为了专业化农业生产服务的提供者，上联农业企业，下接家庭农场，起中介纽带作用，按照要求为家庭农场提供产前、产中、产后等环节的服务。各产业化经营主体之间的职能定位更加清晰，利益联结更加紧密。

案例分析

宿州市诵桥区淮河粮食产业化联合体

安徽省宿州市埇桥区淮河粮食产业化联合体组建于 2012 年 7 月，以淮河种业公司为龙头，联合淮河农机、淮河植保、润禾水利等 10 家农民专业合作社，何勇、朱超等 22 个家庭农场及 6 个种粮大户组成。联合体经营规模不断扩大，截至 2015 年年底，拥有各类农机装备 430 多台（套），流转土地 1.6 万亩，小麦良种繁殖基地 4 万多亩，带动农户 6 500 多户，有效地促进了农业产业融合发展，带动了农民增收致富。

◎职能明确的组织运行架构◎

农业产业联合体是以"农业企业为龙头、家庭农场为基础、农民专业合作社为纽带"的一体化紧密型现代农业经营组织。在淮河粮食产业化联合体内，淮河种业公司作为牵头产业联合体的龙头企业，承担着农产品经营销售、统一制订生产规划和生产标准等任务，以优惠的价格向家庭农场提供农业生产资料，以高于市场的价格回收农产品；淮河、德杰、惠康农机等专业合作社上联农业企业，下接家庭农场，起到中介纽带作用，按照要求为家庭农场提供产前、产中、产后等环节的服务；何勇、朱超等家庭农场按照农业企业要求进行标准化生产，向农业企业提供安全可靠的农产品。

◎联系紧密的利益联结机制◎

淮河粮食产业化联合体通过建立紧密的利益联结机制，做到优势互补，多方得利。一是交易联结。产业化联合体各方通过签订生产服务合同、协议，确立农产品、生产资料的买卖关系和农机作业服务的关系。二是生产要素融合。联合体各方通过资产、资金、技术等生产要素相互融合，建立利益联结机制。淮河种业在给家庭农场提供种肥等生产资料的过程中，先垫付资金，收购农产品时扣除，解决了家庭农场资金不足问题，形成了资金融合。2014年淮河种业公司为联合体的4个家庭农场担保贷款800万元，家庭农场用流转土地经营权及待收获的粮食向淮河种业提供反担保，化解企业担保风险。三是互助联结。联合体各主体通过充分发挥各自优势，取长补短，建立联结机制。淮河种业公司为家庭农场提供粮食烘干及仓储服务，解决了家庭农场大规模生产粮食无法晾晒储藏的问题。

◎合作共赢的赢利模式◎

在分工明确的基础上，淮河粮食产业化联合体内部三大主体逐渐形成了合作共赢的赢利模式。龙头企业通过减少农产品采购环节提高效益；通过规模采购农业生产资料向家庭农场供应，获取差额利润；通过指导监督家庭农场生产，获得安全可靠的原材料；通过生产总量的增加、产品质量的提高获得较高利润。农民专业合作社加入联合体后，向家庭农场提供技术服务和作业服务，有了稳定的服务面积和集中连片的服务环境，从而使经营收入更有保障。家庭农场一方面通过使用新技术、新设备提高了劳动生产率和土地产出率，增加了收益；另一方面从龙头企业供应生产资料、收购农产品的"让利"中获得收益。

◆ 思考

1. 宿州市埔桥区淮河粮食产业化联合体属于哪种组织模式？

2. 宿州市埔桥区淮河粮食产业化联合体的组织模式有哪些优点？

三、中国农业产业发展历程

农业结构是农业各生产部门以及部门内各产业间的组合形式和构成，是农业资源转换的综合能力和水平的体现。不同时期、不同层次的社会需求形成不同的农产品和服务需求结构，而需求结构的变化则必然导致农业结构的变动。农业结构具有明显的可变性，其表现形态和质量档次是由经济体制、生产力水平和社会消费需求所决定的。改革开放以来，随着经济社会发展和人民生活水平日益提高，我国农业结构不断优化调整，推动了主要农产品由长期短缺向供求基本平衡、丰年有余以及目前的供求基本平衡、结构性短缺的历史性转变。改革开放以来，我国农业经历了4次大的结构调整。

（一）第一次农业结构调整始

自 1978 年，结构调整以"决不放松粮食生产、积极开展多种经营"为基本方针。基于 1978 年前农业结构不合理问题，中国共产党十一届三中全会提出了有计划地改变农业结构的任务。中国共产党十一届四中全会通过的《中共中央关于加快农业发展若干问题的决定》指出："我们一定要正确地、完整地贯彻执行'农林牧渔同时并举'和'以粮为纲、全面发展、因地制宜、适当集中'的方针。粮食生产搞得好不好，关系到九亿人民的吃饭问题，一定要抓得紧。过去我们狠抓粮食生产是对的，但是忽视和损害了经济作物、林业、畜牧业、渔业，没有注意保持生态平衡，这是一个沉痛的教训。我们一定要把我国优越的自然条件充分利用起来，把各方面的潜力挖掘出来，使农林牧渔各业都有一个大的发展。粮食作物和经济作物，也一定要按照各地区的特点，适当地集中发展。要有计划地逐步改变我国目前的农业结构和人们的食物构成，把只重视粮食种植业、忽视经济作物种植业和林业、牧业、渔业的状况改变过来。"1981年，中共中央、国务院转发了国家农业委员会的《关于积极发展农村多种经营的报告》，改变了过去的"以粮为纲"，提出"决不放松粮食生产、积极开展多种经营"的方针，要求农业同林业、畜牧业、渔业和其他副业，粮食生产同经济作物生产之间要保持合理的生产结构，实现农、林、牧、副、渔全面发展。这次结构调整，是针对非粮产品紧缺进行的结构纠偏，拓宽了农业的发展空间，种植业、养殖业都有了很大发展。在实施家庭承包经营制度和市场化取向改革条件下，一方面国家减少粮食等农产品征购基数和统派购范围，直至从 1985 年取消农产品统购制度，发挥市场在资源配置中的基础性作用；另一方面，广大农民以市场需求为导向，积极开展农业结构调整。农村改革极大地解放了生产力，一方面实现了农业的快速发展，粮食等农产品大幅度增加；另一方面初步改善了农业结构，与 1978 年相比，1991 年农业总产值中种植业产值所占比重由 80.1% 下降到 63.1%，同期畜牧业产值所占比重由 15% 上升到 27.1%，渔业由 1.6% 上升到 6.8%。

这个时期的农业生产以粮食等主要农产品的长期短缺为背景，以解决人口大国的温饱问题和提高人民的食物营养水平为基本目标，通过持续增加国家对农业的投入，广泛调动农民生产的积极性，我国粮食和农业综合生产能力得到前所期的 3 亿吨相继迈上 4 亿吨和 5 亿吨两个台阶，农产品供给水平大幅度提高，终结了我国主要农产品长期短缺的历史，并且使得城乡居民生活得到显著改善。

（二）第二次农业结构调整

始自 20 世纪 90 年代初期，发展高产、优质、高效是结构调整的主要目标。20 世纪 80 年代，我国农产品数量实现大幅度增长，基本解决了全国人民的温饱问题。然而农业结构又出现了一些新的问题：一方面表现为农产品发生新的卖难问题；另一方面表现为优质农产品供给不足，不能满足城乡居民生活水平不断提高的消费需求，进而出现了农业增产不增收的现象。为此，需要促进农业由单一追求高产转向高产优质并重。在这种背景下，1992 年 9 月 25 日，国务院做出了《关于发展高产优质高效农业的决定》，对发展高产、优质、高效农业作出了九项规定：一是进一步把农产品推向市场；二是以市场为导向继续调整和不断优化农业生产结构；三是以流通，为重点建设贸、工、农一体化的经营体制；四是依靠科技进步发展高产、优质、高效农业；五是建立健全农业标准化体系和检测体系；六是继续增加农业投入，调整资金投放结构；七是改善高产、优质、高效农业生产条件；八是积极扩大农业对外开放；九是加强领导，建立适应高产、优质、高效农业的考核制度。这是在全国农产品大幅度增长后，中央及时作出的促进农业结构调整和持续发展的又一重大决定。在发展高产、优质、高效农业的政策取向下，各地积极推进农业以市场为导向优化产业结构，农业结构调整步伐明显加快，种植业比重继续下降，养殖业快速增长，尤其是畜牧业和蔬菜、果品、花卉等附加值较高的经济作物产业发展迅猛。

（三）第三次农业结构调整

时间为1997—2007年，推进农业结构战略性调整成为目标的基本取向。中央于1998年作出了农业进入新的发展阶段的判断，提出新阶段的中心任务是对农业和农村经济结构进行战略性调整。农业结构调整的目标是在农产品总量供给基本平衡、丰年有余的基础上，坚持以市场为导向，进行提升产业素质的战略性调整，更加突出质量和效益，发挥区域比较优势，培育优势产业，提升产业竞争能力。《中共中央国务院关于做好2001年农业和农村工作的意见》指出，推进农业结构等的战略性调整，必须牢牢把握提高质量和效益这个中心环节，面向市场，依靠科技，在优化品种、优化品质、优化布局和提高加工转化水平上下功夫。只有这样，才能使农业在新的台阶上继续保持旺盛的发展活力，促进农民收入的持续增长。2004年以来的中央一号文件，进一步制定了切实可行的政策措施，促进农业结构战略性调整的深化。

（四）第四次结构调整

时间为2008—2020年，以总量平衡、结构平衡和质量安全为取向。这个时期农业发展的背景是主要农产品供求关系已从"总量基本平衡、丰年有余"转变为"总量紧平衡、结构性短缺"，农业发展的资源环境约束日益趋近，加快农业"引进来"和"走出去"步伐的机遇与风险并存。农业发展的主要任务是推进现代农业建设，确保国家粮食安全和重要农产品供给，实现农产品供求平衡；保持农民收入较快增长，到 2020 年农民人均收入比 2010 年翻一番，努力缩小城乡居民收入差距。

2008 年《中共中央国务院关于切实加强农业基础建设进一步促进农业发展农民增收的若干意见》提出"必须立足发展国内生产，深入推进农业结构战略性调整，保障农产品供求总量平衡、结构平衡和质量安全。"《中共中央关于推进农村改革发展若干重大问题的决定》提出，"推进农业结构战略性调整。以市场需求为导向、科技创新为手段、质量效应为目标，构建现代农业产业体系。"经过几年的努力，以区域化、优质化、产业化为标志的农业产业发展新格局逐步形成。

第三节　农业产业化支持政策

一、扶持家庭农场发展政策

2016 年，国家有关部门将采取一系列措施引导支持家庭农场健康稳定发展，主要包括建立农业部门认定家庭农场名录，探索开展新型农业经营主体生产经营信息直连直报。继续开展家庭农场全面统计和典型监测工作。鼓励开展各级示范家庭农场创建，推动落实涉农建设项目、财政补贴、税收优惠、信贷支持、抵押担保、农业保险、设施用地等相关政策。加大对家庭农场经营者的培训力度，鼓励中高等学校特别是农业职业院校毕业生、新型农民和农村实用人才、务工经商返乡人员等兴办家庭农场。

二、扶持农民合作社发展政策

国家鼓励发展专业合作、股份合作等多种形式的农民合作社，加强农民合作社示范社建设，支持合作社发展农产品加工流通和直供直销，积极扶持农民发展休闲旅游业合作社。扩大在农民合作社内部开展信用合作试点的范围，建立风险防范化解机制，落实地方政府监管责任。2015 年，中央财政扶持农民合作组织发展资金 20 亿元，支持发展粮食、畜牧、林果业合作社。落实国务院"三证合一"登记制度改革意见，自 2015 年 10 月 1 日起，新设立的农民专业合作社领取由工商行政管理部门核发加载统一社会信用代码的营业执照后，无须再次进行税务登记，不再领取税务登记证。农业部在北京、湖北、湖南、重庆等省市开展合作社贷款担保保费补助试点，以财政资金撬动对合作社的金融支持。2016 年，将继续落实现行的扶持政策，加强农民合作社示范社建设，评定一批国家示范社；鼓励和引导合作社拓展服务内容，创新组织形式、运行机制、产业业态，增强合作社发展活力。

三、扶持农业产业化发展政策

2016 年中央一号文件明确提出完善农业产业链与农民的利益联结机制，促进农业产加销紧密衔接、农村一二三产业深度融合，推进农业产业链整合和价值链提升，让农民共享产业融合发展的增值收益。国家有关部委将支持农业产业化龙头企业建设稳定的原料生产基地、为农户提供贷款担保和资助订单农户参加农业保险。深入开展土地经营权入股发展农业产业化经营试点，引导农户自愿以土地经营权等入股龙头企业和农民合作社，采取"保底收益+按股分红"等方式，让农民以股东身份参与企业经营、分享二三产业增值收益。加快一村一品专业示范村镇建设，支持示范村镇培育优势品牌，提升产品附加值和市场竞争力，推进产业提档升级。

主要参考文献

方志权. 2014. "三农"政策法规知识普及读本 [M]. 上海：上海财经大学出版社.

张书欣. 2013. 农村政策与法律知识 [M]. 北京：北京理工大学出版社.

周晖. 2015. 农村法规与政策概论 [M]. 北京：中国农业大学出版社.